小读客

小读客原创童书

小学生自立生活漫画

整理归纳

读客小学生阅读研究社·生活组 著

江苏凤凰文艺出版社

图书在版编目（CIP）数据

小学生自立生活漫画．整理归纳 / 读客小学生阅读研究社·生活组著．—— 南京：江苏凤凰文艺出版社，2021.4
ISBN 978-7-5594-5672-4

Ⅰ.①小… Ⅱ.①读… Ⅲ.①生活－知识－少儿读物 Ⅳ.①TS976.3-49

中国版本图书馆CIP数据核字(2021)第024216号

小学生自立生活漫画．整理归纳

读客小学生阅读研究社·生活组　著

责任编辑	丁小卉
特约编辑	郑　直　严晓娥
封面设计	赵　雅
插　　画	小熹文化
内文排版	徐　瑾
责任印制	刘　巍
出版发行	江苏凤凰文艺出版社
	南京市中央路165号，邮编：210009
网　　址	http://www.jswenyi.com
印　　刷	三河市龙大印装有限公司
开　　本	710毫米×1000毫米 1/16
印　　张	11
字　　数	71千字
版　　次	2021年4月第1版
印　　次	2021年12月第3次印刷
标准书号	ISBN 978-7-5594-5672-4
定　　价	32.80元

江苏凤凰文艺版图书凡印刷、装订错误可向出版社调换，联系电话：010-87681002。

写在前面的话

家长总是盼望着孩子们自立，能在没有督促的情况下照顾好自己。可是，家长们可能也发现了，孩子们总是很难脱离依赖，比如用完卫生间不收拾，学习后没把书桌整理好，在需要劳动时总是依赖爸妈或者爷爷、奶奶。

整理整顿是孩子们自立的第一课。实践证明，学会整理整顿和归纳的孩子，在学习能力、情绪管理、领导能力等方面都比较突出。换句话说，整理不仅仅是一项生活本领，更是生活情商。

那么，如何培养孩子整理的能力呢？要学会整理，一方面需要具备意志上的主动，另一方面需要具备行动能力和技巧。而这种主动性和能力，都是可以通过日常的不断学习和训练获得的。

这也就是本书的目的。现在的图书市场上，针对生活整理的书籍不少，但绝大多数都是以大人为对象的，而面向孩子本身的生活整理书籍比较少。作为孩子的自立必备手册，希望本书可以为他们带来帮助，让他们不但懂得主动整理房间、收拾行李……还能整理情绪、归纳方法，积极且理性地应对成长路上的风雨与荆棘。

本册介绍及使用说明书

全书共分五大章 38 个场景训练，都是基于孩子最常见的生活场景设置的，几乎覆盖了孩子最常见的生活状态。孩子们可以把本书当作学习整理归纳的方法手册，通过每一章节的训练，让自己在生活中成为一个整理归纳小达人。也可以把此书当作整理归纳问题的指导书籍，碰到相关难题时，可以查阅本书并从中找到解答。

1 第一章"意识篇"，主要目的是培养小朋友的日常整理习惯，让小朋友改掉生活中的不良习惯。主要内容有："今天不整理，明天也不会整理的""总买东西不但浪费，还会增加收拾难度""奶奶把收拾的活全干了，所以我什么也不会""自己的臭袜子和小内裤一定要自己清洗"等内容。

2 第二章"基础案例篇"，通过 8 个小场景告诉小朋友，整理需要从完成日常的生活小事做起。比如怎么收拾整理书桌、书橱、学习资料、抽屉、书包、家庭药箱、冰箱餐桌等内容。

3 第三章"方法篇"，教小朋友 10 个整理技巧，让整理收拾变成一件容易并快乐的事。这一章非常关键，诸如给物品找一个"家"、对物品一定要有归位心理、固定收纳的地方、用数学方法利用空间、不过度收纳、学会处理旧物品、学会珍惜、学会垃圾分类等内容，都会在这一章中出现。

4 第四章"进阶案例篇"，主要通过实际案例破解常见的收拾难题，瞬间让小朋友变成整理"小达人"。这一章会针对生日派对、搬家、收拾行李，以及如何整理电脑等常见难题逐一解决。

5 第五章"整理情商篇"，主要是让小朋友懂得把整理思维运用到学习和生活的其他方面，比如应用到整理笔记、整顿纪律、整理情绪、整理作文思路、整理任务等内容。

目　　录

第一章　意识篇：培养整理习惯，改掉生活中的坏习惯

1. 今天不整理，明天也不会整理的　　002
2. 物品随便放太可怕，垃圾会越积越多　　006
3. 总买东西不但浪费，还会增加收拾难度　　010
4. 奶奶把收拾的活全干了，所以我什么也不会　　014
5. 客厅是全家人的空间，我要不要管呢　　018
6. 自己的臭袜子和小内裤一定要自己清洗　　022
   和教育专家聊聊天　　026

第二章　基础案例篇：整理整顿，从日常小事做起

7. 书桌要怎样收拾才会方便学习　　028
8. 学习资料太多，要及时归档　　032
9. 抽屉就像人的大脑，不能太杂乱　　036
10. 每天提前整理书包，快快乐乐去上学　　040
11. 把家用药箱翻得很乱可不好　　044
12. 用完卫生间及时清理，方便他人使用　　048
13. 冰箱整理事关身体健康，一定要懂　　052
14. 养成收拾餐桌的好习惯　　056
    和教育专家聊聊天　　060

第三章　方法篇：学习10个整理技巧，让整理变得更容易

15. 学习归类与收纳，给物品找一个"家"　　062
16. 东西用完不乱放，一定要有归位心理　　066
17. 固定的地方放固定的东西，形成心理记忆　　070
18. 利用好收纳盒、挂钩等收纳工具　　074
19. 用超简单的几何方法最大限度利用空间　　078
20. 如果无从下手整理，就从清洁地面开始吧　　082

21. 不要过度收纳，经常用的物品要便于取用　　086
22. 懂得处理旧物品，学会珍惜　　090
23. 装饰品最好不要和日常用品放一起　　094
24. 从小学会垃圾分类，保护环境　　098
　　和教育专家聊聊天　　102

第四章　进阶案例篇：破解常见的收拾难题，让自己成为整理小达人

25. 生日party结束，留下一地狼藉怎么办　　104
26. 要搬家了，自己的东西应该如何整理收拾　　108
27. 家里大扫除，我可以做些什么　　112
28. 全家准备旅游了，如何才能收拾好行李　　116
29. 出门做客，要注意衣着整洁　　120
30. 运用整理技巧，让电源线、数据线等井然有序　　124
31. 用整理房间的方式，整理自己的电脑和手机　　128
　　和教育专家聊聊天　　132

第五章　整理情商篇：把整理思维迁移到学习和生活的其他方面

32. 整理笔记可以提高学习效率　　134
33. 当选了足球队队长，是不是要整顿一下纪律呢　　138
34. 与爸妈闹别扭了，要学会整理情绪　　142
35. 与同学相处，要学会清除坏情绪　　146
36. 写作文前先整理想法，思路会更清晰　　150
37. 事情很多，会整理任务可以事半功倍　　154
38. 如果感觉身体疲劳，就要整顿休息　　158
　　和教育专家聊聊天　　162

01

意识篇：

培养整理习惯，改掉生活中的坏习惯

- 今天不整理，明天也不会整理的
- 物品随便放太可怕，垃圾会越积越多
- 总买东西不但浪费，还会增加收拾难度
- 奶奶把收拾的活全干了，所以我什么也不会
- 客厅是全家人的空间，我要不要管呢
- 自己的臭袜子和小内裤一定要自己清洗
- 和教育专家聊聊天

1 今天不整理，明天也不会整理的

暑假期间，小飞把自己的小房间折腾得乱七八糟。快开学了，妈妈让小飞把自己的房间整理干净，可一天天过去，小飞也没有开工。每次要整理时，小飞都自我安慰："明天再整理也一样。"就这样，他一直拖到开学。他还跟妈妈说："再给我一点儿时间，我放学后有时间再整理。"妈妈就问他："假期你都不整理，开学了你更不可能整理吧？"

暑假期间，小飞把自己的房间折腾得乱七八糟。

快开学了，还不赶快把房间整理一下。
知道啦，知道啦！
离开学还有5天
离开学还有2天
离开学还有1天
再给我一点儿时间吧！
时间一天天过去，直到开学，小飞也没有整理自己的房间。
假期你都不整理，开学了你更不会整理吧？

遇到的问题和困惑

1. 一天拖过一天，迟迟没收拾整理。
2. 准备明天就去整理，可明天到了也不想整理。
3. 房间越来越乱，越来越不想收拾。

常犯错误提示

今天太累了，我明天再整理房间！

你天天拖，也不知道哪天你是不累的。

1 明天也会感到累或者忙其他的事情，这样下去，明天也不会整理房间。

2 不知道哪天才有空，可能今天就是最有空的时候。

还没玩够呢，等哪天有空一起收拾。

你好像每天都很忙，就没有有空的时候。

寻求解决方法

1. 意识到"今天不做,明天也不会做"

> 一旦想到要整理,就马上去做!

小结:对大多数小朋友来说,"整理"可能是一件讨厌的事,所以总是能拖就拖,先去做其他喜欢的事。一定要意识到"今天不做,明天也不会做",所以一旦想到要整理,就马上去做。

2. 把收拾整理当作一件紧迫、重要的事

整理房间是一件比玩乐更重要的事情!

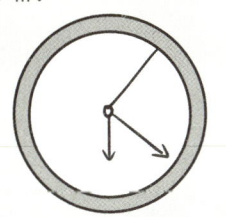

小结:有时拖着不做,是因为没意识到整理的重要性和紧迫性,总认为等有空了,花一点儿时间就能整理好。其实越早整理越好,因为越往后拖,整理起来越难。

3. 现在能做多少就先做多少

> 不管能不能全部搞定,先行动起来吧!

小结:有的小朋友会认为,必须有空才去整理,事实上"有空"的时候很少。所以不用想太多,先行动起来,能做多少做多少。今天整理不完,明天接着整理。

要点归纳及复习

- 如果今天不做,明天也不会做。
- 整理收拾是一件紧迫、重要的事情,越往后拖越难。

2 物品随便放太可怕,垃圾会越积越多

妈妈给可涵买了一个小包,让她放钱包、纸巾等小物品。但可涵把有用没用的物品都往小包里放,时间一长,背包里存放了不少垃圾。有一次可涵打开背包,闻到小包里有异味,就跟妈妈说小包太脏了,要买个新的。妈妈说:"你什么东西都往里面放,又不整理,小包当然会变脏啦。"于是,可涵买新背包的想法被妈妈驳回了。

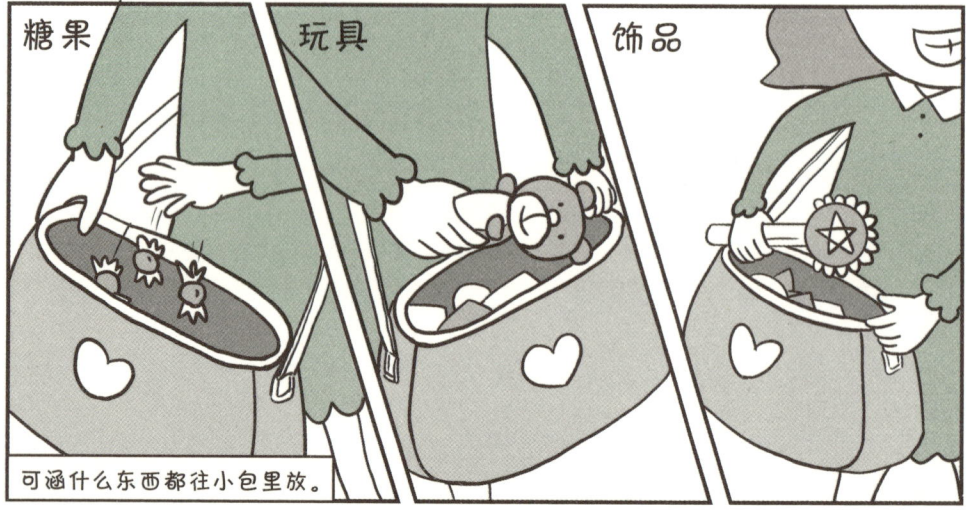

第一章 意识篇：培养整理习惯，改掉生活中的坏习惯

遇到的问题和困惑

① 发现小包里的垃圾越来越多。

② 要用的物品被无关紧要的东西覆盖,不容易找到。

③ 打开小包,散发异味。

常犯错误提示

小包不就是用来收东西的。

小包只是给你放钱包等小物品的!

乱放到最后,有用和没用的都傻傻分不清了。

大包小包不干净,垃圾会存得越来越多。

不管大包小包,都要定期整理干净。

整理?小包这么小,不用特意整理干净吧。

如果小包脏了,就买个新的呗!

啊!这个小包才买了几天?

因为自己的懒惰买新的包,太浪费了吧。

寻求解决方法

1. 放置物品要有规划意识

不是所有的东西都能放在一起的。

小结：对大包小包都要有功能规划意识。比如小包主要放钱包、纸巾和钥匙，不应该放糖果等零食，那样容易相互"污染"。如果糖果必须暂时与钱包纸巾放一起，可以先用其他袋子包裹起来。如果包里分格，则可以留出几格放糖果。

2. 垃圾要及时扔，不要存起来

擦拭过的纸巾就不要往小包里放了！

小结：小朋友产生的垃圾，比如用过的纸巾、包装纸，尽量在第一时间扔进垃圾桶，不要想着"等会儿""先放包里"，放着放着就忘了。

3. 定期整理和清洁自己的收纳包

每隔一段时间整理小包是必要的！

小结：不管用来放置什么物品，收纳包每隔一段时间都会变脏，所以定期整理和清洁是非常必要的。否则垃圾和污垢越积攒越多，就会散发异味。

要点归纳及复习

1. 不要把所有物品都放一起，避免产生"污染"。
2. 养成及时扔垃圾的好习惯。
3. 定期整理收纳处，保持干净整洁。

第一章 意识篇：培养整理习惯，改掉生活中的坏习惯

3 总买东西不但浪费，还会增加收拾难度

  珂珂喜欢买买买，结果东西太多，不知道往哪儿放，她就不管了。房间的地板上、书桌上，甚至床上都堆满了她买的玩具和各种稀奇古怪的物品，把房间弄得像个小杂货店。每次妈妈让珂珂整理房间，她就埋怨家里存放物品的柜子太少。妈妈就说："你买东西的时候，怎么就不考虑是否用得着，家里是否有地方放？"

第一章 意识篇：培养整理习惯，改掉生活中的坏习惯

遇到的问题和困惑

1. 感觉家里可以存放物品的橱柜太少了。
2. 东西没地方放，只能搁一边，屋子越来越杂乱。
3. 物品太多，收拾起来很困难。

常犯错误提示

这东西用得着吗，家里有地方放吗？

买买买，看到什么都想买回家。

1 买东西前想一想，是否用得着，准备存放在哪里？

2 不断往家里搬东西，橱和柜的空间只会越来越小。

不是东西太多，是家里的收纳空间不够多。

你这样买下去，再大的地方都不够你放。

寻求解决方法

1. 买东西之前先思考"用不用得着"

好像没必要买吧？那就不浪费了。

小结：小朋友容易看到好玩的东西就想买，买的时候也没考虑"有没有必要"。但买回家后，发现用不着，不知道怎么处理，扔了又可惜，东西就容易堆起来。

2. 想好收纳时放哪儿再买

家里一大堆差不多的东西，没地方放啊。

小结：小朋友容易买东西时劲头很足，整理物品时却很敷衍，会买不会收，导致物品堆得到处都是。所以买的时候最好先想想，把它收放在哪儿比较合适。

3. 养成环保节约的生活习惯

不能总是买买买了，这习惯不好！

小结：环保节约不是说不买东西，是买有必要的东西。总是买买买不但浪费，还会增加收拾难度。埋怨家里收纳空间太小，不如先从"买的源头"上反思自己的浪费行为。

要点归纳及复习

1. 想好给物品找一个"住所"再买。
2. 跟"买买买"的浪费行为说"不"。
3. 买有必要的东西。

4 奶奶把收拾的活全干了,所以我什么也不会

奶奶平常在家帮小飞收拾玩具、整理书桌、收拾碗筷……几乎什么活都替小飞做了。久而久之,小飞养成了从不自己整理收拾的习惯。有一次奶奶回了老家,小飞没两天就把家里弄得乱七八糟。妈妈吩咐小飞把自己东西整理好,小飞吞吞吐吐地说:"平常都是奶奶收拾的,现在你能帮我吗……我不会整理。"

小飞的奶奶喜欢帮他收拾。

久而久之,小飞自己没有养成收拾整理的习惯。

第一章 意识篇：培养整理习惯，改掉生活中的坏习惯

遇到的问题和困惑

① 从没整理收拾过,所以什么也不会做。

② 任何事都要依赖别人,比如依赖爷爷奶奶、爸爸妈妈。

常犯错误提示

我不会整理没关系,反正有人帮我整理就行。

自己的事自己做!

总想着靠别人把事情做完,那自己就永远都不会啦。

对自己有要求比较好,应该从小养成自己整理的习惯。

我还小,奶奶替我整理是应该的,我长大自然就会了。

这是借口,懒才是原因。

我要学习,事情太多了,没时间。

大人也很忙,又不是只有你忙。

生活中,整理收拾必不可少,也是重要的事。

寻求解决方法

1. 拒绝奶奶包办，自己的事情自己做

> 整理收拾的事情我应该自己做。

小结：可能爷爷奶奶都很乐意为小朋友们办事，恨不得把生活中所有的事情全都办了。这容易让小朋友养成懒惰的坏习惯，失去整理收拾的能力。

2. 不会就学，不能全都依赖别人

> 嗯，不会不是借口，不会可以学！

小结："不会"容易成为自己不行动的借口，其实做任何事情，没有谁一开始就会，包括爸妈也是在不断学习的。如果因为不会就依赖别人，那就永远都不会了。

3. 大人是自己的老师，不是"工人"

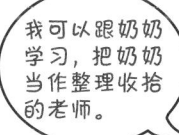

> 我可以跟奶奶学习，把奶奶当作整理收拾的老师。

小结：可以尝试把大人当成老师，而不是"工人"，比如大人在帮忙整理收拾时，跟着大人学习，争取以后自己做，不用帮忙。

要点归纳及复习

- 拒绝依赖大人，自己的事情自己做。
- 主动学习大人如何整理，下次尝试自己收拾整理。

5 客厅是全家人的空间,我要不要管呢

最近爸妈经常加班,没太多时间整理房间,珂珂闪过帮忙整理的念头,很快又打消了:"客厅是公共空间,应该爸妈来整理才对!"第二天,好朋友可涵来做客,珂珂见客厅乱糟糟的,赶紧解释:"我爸妈工作忙,没时间收拾,所以就这样了。"可涵问珂珂:"那你干吗不帮忙?"珂珂红着脸说客厅是全家人的公共空间,不归她管。

妈妈,你什么时候回来?

宝贝,妈妈要加班,你自己在家乖乖的噢。

妈妈很忙,珂珂产生了帮忙整理客厅的想法,可是……

算了,客厅又不是我一个人的客厅。

018

第一章 意识篇：培养整理习惯，改掉生活中的坏习惯

遇到的问题和困惑

1. 家里的公共空间脏了,爸妈又很忙,应该怎么办?

2. 自己从来没整理过客厅,即使想整理,也不知道从何下手。

常犯错误提示

> 客厅是公共空间,不是我一个人的事。

> 客厅整洁是所有家庭成员的事啦!

1 客厅是家的一部分,那可不可以说"这个家跟自己无关呢"?显然不能!

2 整理客厅是全家人的事,妈妈太忙了,自己就应该承担起来。

> 整理客厅是妈妈的事,我不用操心。

> 我们家里人都是谁有时间谁整理!

寻求解决方法

1. 在家里要有主人翁意识

> 客厅脏了,每个人都有责任收拾好。

小结:其实不单是客厅,包括卫生间、厨房等,小朋友都要有主人翁意识。一旦发现脏了,要做自己力所能及的事,帮助爸妈分担家务事。

2. 整理客厅可以分区域进行,争取恢复原样

> 整理客厅其实没有那么难。

小结:相比自己的小房间,客厅虽大,但可以分区域进行。比如先整理沙发,再整理茶几,最后清洁地板。整理的目标就是恢复原样,比如把沙发靠垫摆好,把遥控器放回原处,然后吸尘和拖地。

3. 可以先按自己的想法整理,再请教妈妈

> 我先按自己想法来,整理得不好再改过来就好了。

小结:可能因为从来没整理过客厅,所以小朋友们感觉这是一件大事。其实不用给自己太大压力,先干活,等妈妈有空再向她请教,慢慢提升自己的整理能力就好了。

要点归纳及复习

- 以家庭主人翁精神干活。
- 分区域收拾整理,尝试恢复原样。

6 自己的臭袜子和小内裤一定要自己清洗

　　每次小飞洗澡时，臭袜子和小内裤总是随地乱扔。有一次，小飞把臭袜子丢在角落里好几天，直到爸爸闻到臭味才发现。爸爸跟小飞说："你长大了，要学会自立了，起码臭袜子不能乱扔吧。"小飞问爸爸："那以后零花钱归我自己管理吗？"爸爸说可以，只要他能自己清洗臭袜子和小内裤。

小飞洗澡时，臭袜子和小内裤总是随地乱扔。

去你的臭袜子！

什么味道？

闻

第一章 意识篇：培养整理习惯，改掉生活中的坏习惯

遇到的问题和困惑

1. 因为总是别人帮忙收拾，自己形成了随便扔的坏习惯。
2. 没洗过臭袜子和小内裤，不知道自己行不行。

常犯错误提示

1

臭袜子和小内裤应该自己洗，以前年纪小，现在长大了就要自己做啦。

> 一直都是妈妈洗的，让妈妈继续帮忙就行了。

> 长大了要自己洗了！

> 我还小，洗不干净，丢进洗衣机就洗好了。

> 不试一试，怎么知道自己洗不干净呢？

2

一开始洗不干净没关系，可以让大人帮忙指点，重要的是要有自立的态度。

寻求解决方法

1. 先养成不随便乱扔臭袜子的习惯

坏习惯一定要改!

小结:随便扔臭袜子和小内裤,是不负责任、没有自我要求的表现,也说明自己不会整理和收拾,这个坏习惯一定要改。

2. 为自立生活走出第一步——自己洗

爸爸的建议非常好!

小结:爸爸的建议值得尝试。长大了,生活应该更自立,对自己要有要求,除了不随便扔臭袜子,小内裤和袜子也要学会自己洗。

3. 刚开始洗不干净没关系,在大人的指导下学会洗

慢慢学,慢慢就能洗干净啦!

小结:拿出认真的态度,一开始不会洗没关系,可以请大人帮忙辅助。通过慢慢学习,就可以洗干净了。

要点归纳及复习

- 脱下的换洗衣服,包括臭袜子和小内裤,都不能随便扔。
- 尝试自己洗内裤和袜子。

和教育专家聊聊天

在人类的活动中，有一种能让我们的生活更美好的活动——整理。简单地讲，整理就是按照一定的规则，把相对无序的事物变得和谐有序，并符合需要或价值判断标准。人的整理活动有时是有意为之，有时是一种无意识行为，这就说明整理已经成为人类的一种自觉行为。意识影响行为，因此小朋友们只有具备整理意识，并不断强化这种意识，才能产生整理的行为。

但有了整理意识、整理行为，并不一定会长期坚持下去。养成好习惯不是一件容易的事，但养成坏习惯往往轻而易举。在行为心理学中，有个"21天效应"，它专门说明一个人的新习惯或理念的形成和巩固，至少需要21天。也就是说，小朋友的行为或想法如果重复21天，就会变成一种习惯。在生活中，只要小朋友持之以恒地、有意识地进行整理活动，慢慢地，小朋友就会形成整理的习惯。

02

基础案例篇：
整理整顿，从日常小事做起

- 书桌要怎样收拾才会方便学习
- 学习资料太多，要及时归档
- 抽屉就像人的大脑，不能太杂乱
- 每天提前整理书包，快快乐乐去上学
- 把家用药箱翻得很乱可不好
- 用完卫生间及时清理，方便他人使用
- 冰箱整理事关身体健康，一定要懂
- 养成收拾餐桌的好习惯
- 和教育专家聊聊天

7 书桌要怎样收拾才会方便学习

　　敦宝常常把书本、文具、玩偶、零食都堆放在书桌上，每次妈妈帮他整理完没两天，就又打回原形。正因书桌物品太多太杂，可供看书写字的空间显得很小，敦宝还埋怨书桌不够大，吵着要换一张大书桌。妈妈跟他说："你不会整理书桌，即使换成大书桌照样放不下。"

第二章 基础案例篇：整理整顿，从日常小事做起

遇到的问题和困惑

1. 书桌太小，没空间学习、看书、做功课。

2. 书桌上的物品太多了，影响自己的专注力。

3. 不懂怎样整理书桌才方便学习。

常犯错误提示

书桌就是用来堆放东西的。

那也不能把所有东西都堆在书桌上。

1

正因为所有东西都堆在书桌上，才没有地方读书了。

2

再大的书桌，不会整理收拾，也会不够用。

肯定是书桌太小了，换一张大点儿的就好了。

不是书桌小，是你不会整理和收拾。

寻求解决方法

1. 定时整理，保持桌面干净整洁

书桌太凌乱，生活没有秩序。

小结：书桌是需要定期整理的。因为日常使用容易让书桌杂乱，而且时间久了桌面上也会有灰尘，所以只有定期整理，才能给自己一个干净的学习环境。

2. 书桌上主要放最常用的文具和书

嗯，经常用到的书和文具放桌面上。

小结：桌面摆放的物品不宜太多太杂，建议主要放最常用的文具和书，而且书不要叠太高。还可以备一个笔筒，其他文具用收纳盒收纳好，方便取用。

3. 装饰品、纪念品可以调剂心情，摆放一两件就可以

是的，装饰品太多就花哨了。

小结：除了经常用到的书和文具，摆放装饰品、纪念品可以调剂心情，但只要摆放一两件就可以了。玩具和零食不要放在书桌上，可以用盒子收纳，放在别的地方。

要点归纳及复习

1. 保持书桌干净整齐。
2. 放常用的书和文具，玩具和零食都不要放。
3. 留出学习的空间。

8 学习资料太多,要及时归档

珂珂的学习科目增加了,学习资料也越来越多,除了正常的课本和辅导书,还有各种试卷、打印资料,堆满了珂珂的小书桌。爸爸跟珂珂说资料太多,不能丢三落四,要学会整理归档。珂珂开始不以为然,后来有几次找不到学习资料,只好借同学的重新复印,她才主动寻求爸爸帮助。

第二章 基础案例篇：整理整顿，从日常小事做起

遇到的问题和困惑

1. 经常找不到学习资料，忘记放哪里了。
2. 学习资料太多，不知道怎么整理好。

常犯错误提示

1

就算一时能记得，时间久了就会忘了呀。

> 我对自己的记忆力有信心，知道学习资料放哪里了。

> 资料多了就记不住了！

2

每次找时都要把资料全部翻一遍，不是很浪费时间吗？

> 反正就在那堆资料里面，跑不掉的。

> 可找起来费劲吧！

寻求解决方法

1. 整理资料，分科目存放

不同科目不要放一起！

小结：整理学习资料，第一步是要把不同科目的资料区分开。如果资料都夹杂在一起，取用时可能会花更多的时间。

2. 分时期归档

过去的不要跟现在的放在一起。

小结：整理资料时还要有时间概念，在区分科目的基础上，分时期归档。这样查找资料目标明确，就会节省很多时间，还不容易错漏。

3. 学会利用文件夹、贴标签

嗯，给归档的资料标上科目和日期。

小结：把学习资料分科目、时期归档后，还要用文件夹把它们存放在一起，并贴上标签，写上资料的种类以及时间。此外，每次取用完，应该立即放回原处。

要点归纳及复习

- 分科目、时期整理归档学习资料。
- 用文件夹存放，贴上标签，做到一目了然。

9 抽屉就像人的大脑，不能太杂乱

小飞总是把各种物品都往抽屉里塞，小抽屉没几天就塞满了各种铅笔、胶水、装订机、橡皮擦……结果他每次找文具总要翻箱倒柜，有时还因为没找到发脾气。爸爸跟小飞说："抽屉就像人的大脑，不断往里边塞东西，不好好整理，当然容易混乱。"听到爸爸的话，小飞终于决定好好整理抽屉了。

结果找东西时就犯难了。

咦，铅笔盒呢？

爸爸！我的铅笔盒哪儿去了？你们看见了吗？

抽屉就像人的大脑，不整理当然很混乱。

找不到铅笔盒，我已经混乱了。

第二章　基础案例篇：整理整顿，从日常小事做起　**037**

遇到的问题和困惑

1. 每次从抽屉里拿点儿东西，总要翻箱倒柜，还经常找不到。
2. 不知道怎么整理抽屉才能合理利用空间。

常犯错误提示

1

抽屉有密闭性，物品放进去不会不见的。

那也不能随便放！

事实证明，还是有明明放进抽屉却不见了的物品。

2

抽屉不大，存放物品不用太讲究，翻几下就可以翻到了。

如果利用得好，抽屉可以放更多的物品。

正因为空间不大，所以更需要好好利用啊。

寻求解决方法

1. 物品不要随手丢进抽屉，要好好摆放

随便丢和好好放进去，确实不一样。

小结：小朋友们往抽屉里放东西，都有随便丢或扔的习惯。随便放，空间很容易一下就满了；把物品好好放进抽屉，除了显得整齐，还可以节省出很多空间。

2. 对放进抽屉的物品进行归类

要归类，不能随便放一起。

小结：如果抽屉多，可以一种类别对应一个抽屉。很多物品是不能存放在一起的，最常见的，比如文具和零食不要放一起，银行卡不要和带磁性的物品放在一起。

3. 好好利用收纳盒、罐子等工具

盒子、罐子都可以好好利用。

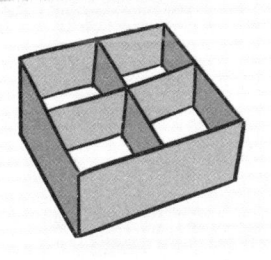

小结：如果抽屉不多，可以用收纳盒、罐子把物品各自装起来，再放进抽屉，这样就可以避免混杂在一起。

要点归纳及复习

- 物品不要随便丢，要整齐存放。
- 分类存放，好好利用收纳盒、收纳罐等工具。

10 每天提前整理书包,快快乐乐去上学

敦宝喜欢睡懒觉,每天上学总是匆匆忙忙拿完书往书包里一塞,就跑出门。有时到了学校,才发现自己忘带或拿错课本了。其实妈妈之前就提醒他,最好前一晚就整理好书包,可敦宝总不当回事。直到有一次,敦宝上语文课没带语文课本,被老师严肃批评了,敦宝才决定彻底改掉临时整理书包的习惯。

敦宝喜欢睡懒觉,每天早上上学的时间都很紧张。

呼——

糟啦,起晚了!

匆匆忙忙

第二章 基础案例篇：整理整顿，从日常小事做起

遇到的问题和困惑

1. 经常装错书本。
2. 忘记带今天要用的笔记。
3. 上学打开书包，发现书包装的还是昨天的书本和物品。

常犯错误提示

1

因为这样想，所以经常因为匆忙而拿错课本。

> 整理书包很快的，上学前一秒整理都可以。

> 不行，要提前整理才不会遗漏或拿错了。

> 就一个小书包，装东西不用那么讲究。

> 当然要讲究，整理书包是好习惯！

2

讲究是为了形成良好的学习生活习惯。

寻求解决方法

1. 坚持晚上先把书包整理好

先整理好书包,早上起床更轻松!

小结:把整理书包的事情提前到晚上做,可以避免第二天因太匆忙而忘记带必要的物品。这是一个好习惯,要坚持下来。

2. 整理书包,最关键的是放进要用的课本及文具

明天要上数学课,要把尺子放进书包里。

小结:放课本、文具等学习资料和工具是整理书包最关键的一步。想想第二天要上什么课,用到哪些课本和文具,不要遗漏。

3. 想想有没有老师和同学特别交代要带的东西

老师说要交相片,我也要放进书包里。

小结:有时,老师特别交代要带去学校的,是些不太常规的东西,比如证件相片、作文本等。每天整理书包时,都要想一想,防止遗漏。

要点归纳及复习

1. 装上要用的课本和文具。
2. 想想有没有明天要带去学校的"特别物品"。
3. 水杯、雨伞等要跟学习用品分开整理。

11 把家用药箱翻得很乱可不好

有一天，为了找自己的文具，珂珂把家里常备小药箱也倒腾了一番。妈妈让珂珂把药品全都放回去，珂珂就随便把药品往药箱里一堆，说自己整理好了。妈妈检查时，发现珂珂并没有按原来的位置放，药品也没分类。她就跟珂珂说："这样乱堆，到时找起药来就很难找了。常备药箱可是家庭很重要的收纳空间，我来教你怎么整理药箱吧。"

咦，涂改液哪儿去了？

会不会不小心放药箱里了？

044

第二章　基础案例篇：整理整顿，从日常小事做起　　045

遇到的问题和困惑

1. 不小心弄乱了家庭小药箱,却不懂得如何将药品放回原处。

2. 家里有好多常备小药品,如何整理收纳,才能在取用时更加方便呢?

常犯错误提示

1

反正都放在药箱里,到时全部倒出来找就行了。

万一生了急病,哪有时间一件一件找?

有时候急用,一件一件找就太麻烦了。

2

有的特殊情况需要小朋友帮忙拿药品,不懂怎么行呢?

要是我让你帮忙取药呢?

找药品都是大人的事,他们会整理就好了。

046

寻求解决方法

1. 及时清除过期药品和不明药品

清除过期和不明药品很关键。

小结：整理药箱，要懂得及时清理过期药品和不明药品，这事关家人的安全和健康。过期药品要回收，不明药品要挑出来，不要和确定的药品混在一起。

2. 对药品进行归类，方便第一时间取用

嗯，常用的与不常用的不要放在一起。

小结：要对药品进行归类并贴上标签，比如常用与不常用、内服和外用、保健品跟非保健品、大人常用和小孩专用等，不要都混杂在一起。清晰区分后，取用时就更方便了。

3. 有些特别药品要和使用说明书放在一起

这个使用说明书不能丢，很重要！

小结：为了腾出更大空间，整理药品时往往会把包装盒和说明书丢掉。对常用药品来说，没有使用说明书没关系，但特殊药品最好和使用说明书放在一起，以确保正确用药。

要点归纳及复习

- 清除过期药品和不明药品。
- 对药品进行归类，特殊的药品要保留使用说明书。

12　用完卫生间及时清理，方便他人使用

　　小飞在卫生间里刷完牙，总是把牙膏、牙刷、漱口杯随便一放就不管了；每次洗手，地板洒上水了也不擦干净。总之他每次用完卫生间，妈妈都要紧跟其后，重新把卫生间收拾一遍。有一次，妈妈没有及时收拾，小飞就踩到自己泼在地板上的水，滑倒了。妈妈教育他："这下知道清理卫生间的重要性了吧？"

牙刷又乱放。

地上这么多水！

小飞用过卫生间后，从来不清理。

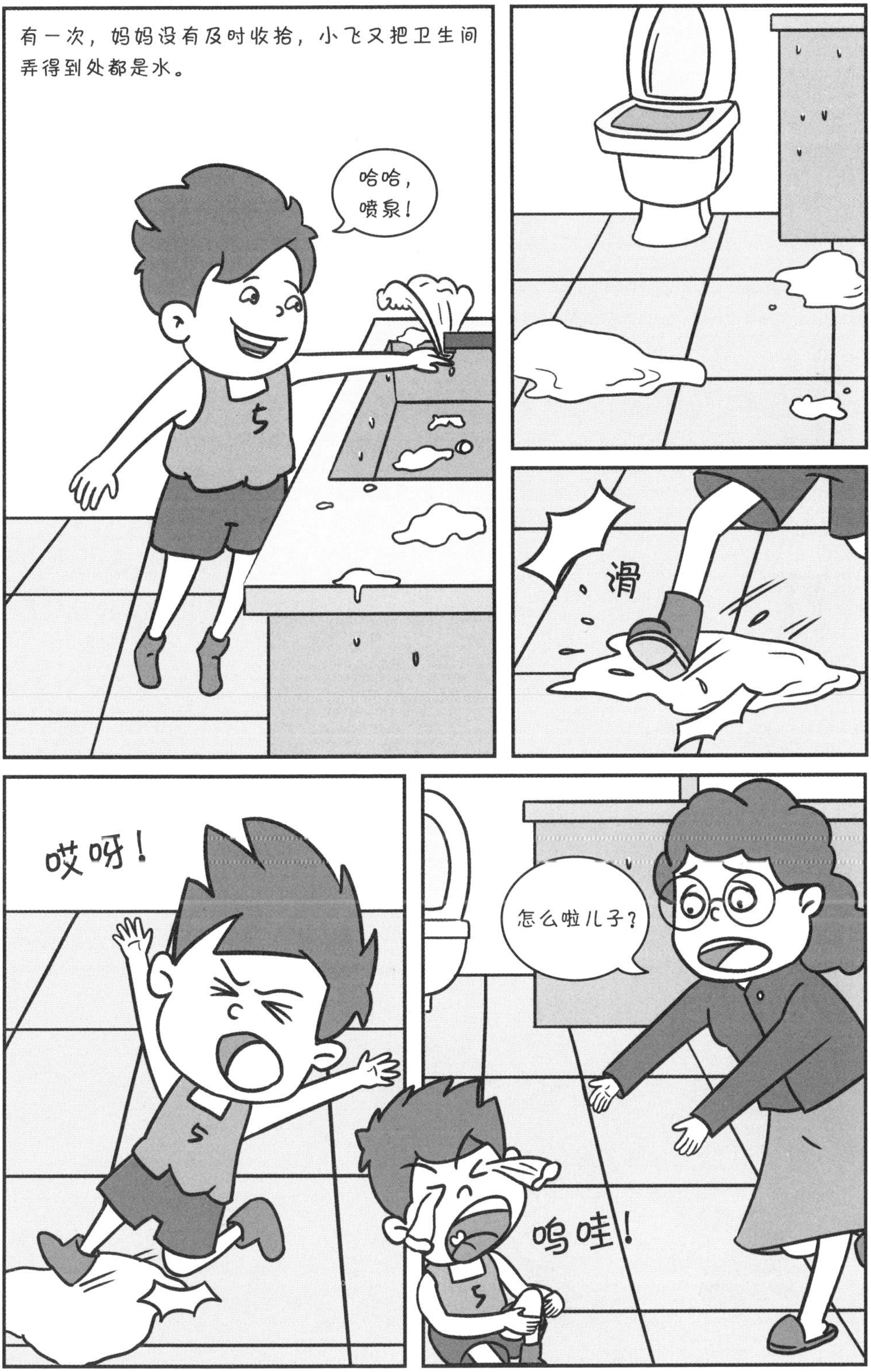
有一次，妈妈没有及时收拾，小飞又把卫生间弄得到处都是水。
哈哈，喷泉！
滑
哎呀！
怎么啦儿子？
呜哇！

遇到的问题和困惑

1. 不顾及别人感受，觉得清理卫生间不重要。
2. 没有清理卫生间的习惯，也不懂如何清理卫生间。

常犯错误提示

1

清理卫生间需要主动自觉，不要总依赖妈妈啦，妈妈也很累的。

> 反正有妈妈帮忙整理，我不用管。

> 你什么时候能帮帮妈妈？

> 为家人干点儿活不是应该的吗？

> 整理卫生间像保姆干的活，我才不做！

2

能为家庭成员服务，应该感到自豪才对呀。

寻求解决方法

1. 要有方便他人使用的意识

> 嗯,要方便爸爸妈妈使用。

小结:清理卫生间比较琐碎,但总结起来,其实就是要方便他人使用。不能把卫生间弄得很乱,这是坏习惯。

2. 早上使用卫生间后特别要做的事

> 牙膏、牙刷再也不能乱丢了!

小结:早上起床很匆忙,卫生间用完来不及清理。所以,特别要做的事情有:洗漱用品别乱放,用完洗脸池要清理,把溅在镜子上的水迹擦干净等。

3. 使用卫生间后如何整理

要为家人做一个合格的"保姆"。

小结:平常使用卫生间后,也有很多基本的事情要做,比如马桶坐垫沾了水,要擦干净;摆好拖鞋、纸巾、踩脚布,给家人做一个合格的"保姆"。

要点归纳及复习

1. 整理卫生间要以方便他人使用为主。
2. 擦干多余的水。
3. 日常用品使用完要放回原位。

13 冰箱整理事关身体健康，一定要懂

　　可涵感觉自己是小大人了，什么家务都能做。她跟妈妈从超市采购完回家，就把妈妈拉去沙发休息，然后说："把菜品放进冰箱的事就交给我，放心吧！"说完，可涵就去整理冰箱了。可是等她做完，妈妈检查时，才发现可涵并没有把菜品分类，而是全部混在一起。这事关身体健康，于是妈妈决定教可涵学会整理冰箱。

妈妈，我来我来！我来放冰箱。

谢谢啦，你知道怎么放吗？

小菜一碟！

可涵感觉自己是个小大人了，会做家务事了。

第二章 基础案例篇：整理整顿，从日常小事做起

遇到的问题和困惑

1. 不懂怎样整理冰箱，食物放进冰箱后很快就变质了。

2. 因为存放不合理，食物之间交叉污染。

常犯错误提示

1

把食物放进冰箱就可以，不用太讲究吧？

不能乱放，乱放不科学！

把食物放进冰箱有很多学问，一定要学。

2

冰箱通常都很干净，不用整理。

只是看上去很干净而已，细菌都是看不见的。

冰箱不定期整理会滋生细菌，危害身体健康。

寻求解决方法

1. 了解冰箱各个分区的功能,严格按规定放置食物

雪糕应该放在哪一层?

小结:冰箱通常分冷冻、冷藏以及保鲜层。整理冰箱前,要先了解冰箱各层的温度说明以及功能,根据需要严格按对应的分区放置食物,比如饮料要放在冷藏层,蔬菜水果要放在保鲜层等。

2. 懂得利用保鲜袋、保鲜膜、保鲜盒等隔离食品

原来在冰箱里放食物需要借助保鲜器具!

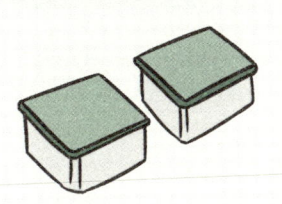

小结:为了防止食物串味或者交叉污染,要懂得利用保鲜袋等保鲜器具来隔离各种食品。

3. 不能放在一起的食品,坚决不能放在一起

一定要特别注意,这事关身体健康!

小结:有些食品不能放在一起,这样的常识一定要了解。比如熟食与生食不要放一起,冰淇淋和生鲜肉不要放一起,等等。

要点归纳及复习

1. 不同的食物要分别放,防止交叉污染。
2. 了解冰箱的分区及功能,也要了解各种保鲜器具的功能。
3. 保持冰箱内部整洁。

14 养成收拾餐桌的好习惯

在敦宝的眼里，收拾餐桌是妈妈的事，跟自己无关，所以每次吃完饭，他把碗筷往餐桌上一放就跑了。有一次，妈妈不小心把手摔伤了，不方便做家务。敦宝吃完饭，看着一桌子的碗筷和食物残渣，不好意思不管。可是怎么办呢？敦宝从来没有收拾过餐桌。妈妈看出了敦宝的尴尬，笑着对他说："你来行动，我来教你。"敦宝点点头，听从妈妈的指挥，很快就把餐桌收拾得干干净净。

敦宝在家从来不收拾餐桌。

我吃饱啦。

哎呀！

可是妈妈摔伤后，这个家务就得敦宝来做了。

第二章 基础案例篇：整理整顿，从日常小事做起 **057**

遇到的问题和困惑

1. 没主动收拾过餐桌，总认为那不是自己该管的事。

2. 想帮忙收拾餐桌，却不知道要怎样做。

常犯错误提示

1

不是所有的家务事都是妈妈的事。

> 收拾餐桌是妈妈的事，跟我无关吧。

> 你也该分担一点儿家务吧，比如收拾餐桌。

> 先试试看，看看难不难再说。

> 收拾餐桌太难了，我现在还做不来。

2

行动起来，就会发现其实没有那么难。

寻求解决方法

1. 要意识到收拾餐桌不只是大人的事

每个家庭成员都有收拾餐桌的责任!

小结:保持餐桌干净整洁是每个家庭成员的事,妈妈有太多的事情要忙,作为家庭一分子,小朋友更应该主动替妈妈分担。

2. 收拾碗筷后,把碗筷放进洗碗盆

不能吃完饭把碗筷一扔就不管了!

小结:洗碗也是要学习的事,在这之前,要先学会收拾碗筷。每次吃完饭,要学会把碗筷放进洗碗盆。

3. 餐桌上有食物残渣,要擦抹干净

不能留食物残渣,否则会招惹蟑螂的。

小结:收拾餐桌很关键的一步,是清除餐桌上的食物残渣。吃完饭,在整理完食物及碗碟之后,还要记得把桌面擦干净。

要点归纳及复习

- 懂得把碗筷、盘放进洗碗盆。
- 餐桌上不能残留食物残渣。

和教育专家聊聊天

当 21 天的整理习惯养成后,小朋友的大脑渐渐就会习惯性地指挥我们去整理,让我们所处的世界更加有序和谐。但是要整理的事情太多了,我们应该从何做起呢?

我们人类可以整理、整顿的事情数不胜数,大到国家的治理,小到整理个人用品,都是整理、整顿。对小朋友们而言,不妨从身边的小事开始,慢慢学会整理。古代人曾讲到"一屋不扫,何以扫天下"?意思是说,连一间屋子都不打扫,怎么能够治理好天下呢?

小朋友们可以整理、整顿的事情有很多,因此当我们不知道从何处开始整理的时候,不妨就从完成日常的生活小事做起。比如很多不值一提却会影响生活质量和学习效率的小事:收拾自己的书桌和抽屉,将学习资料分类归档,整理自己的书包和家用药箱等。

03

方法篇：

学习10个整理技巧，让整理变得更容易

- 学习归类与收纳，给物品找一个"家"
- 东西用完不乱放，一定要有归位心理
- 固定的地方放固定的东西，形成心理记忆
- 利用好收纳盒、挂钩等收纳工具
- 用超简单的几何方法最大限度利用空间
- 如果无从下手整理，就从清洁地面开始吧
- 不要过度收纳，经常用的物品要便于取用
- 懂得处理旧物品，学会珍惜
- 装饰品最好不要和日常用品放一起
- 从小学会垃圾分类，保护环境
- 和教育专家聊聊天

15 学习归类与收纳，给物品找一个"家"

　　小飞零零散散的小玩意儿很多，总是散落在房间各处，比如书桌上、地板上甚至床上。这些东西，没有用到时随处可见，等到要用的时候却找不着。有一次，小飞想剪指甲就找不到指甲剪了，他翻遍了整张书桌也没找到。最后，还是妈妈在小飞的枕头底下找到了。类似的事不知发生过多少回了，妈妈问小飞："你总是这样乱扔，是不是每次使用时都要把屋子翻一遍哪？"

小飞的小玩意儿很多，而且总是散落在房间各处。

指甲剪哪儿去了？

062

第三章 方法篇：学习 10 个整理技巧，让整理变得更容易

遇到的问题和困惑

1. 没归类，没收纳，要使用时就容易找不到。

2. 物品到处放，容易混杂在一起，加大寻找难度。

常犯错误提示

> 抽屉和柜子就那么多，没有地方放怎么办？

> 别总说没办法，动动脑筋哪。

1 没办法要想办法，没有地方，要给物品找一个地方。

> 你这是给自己的懒惰找借口！

> 我习惯东西到处都是，太规整反而不习惯。

2 当需要使用却找不到的时候，就会觉得规整是个好习惯了。

064

寻求解决方法

1. 给物品归类，寻找物品关联性

给物品归类，寻找物品间的关联性。

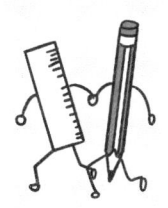

小结：其实整理归类并没有那么难，首先是要寻找物品的关联性。比如尺子和铅笔可以放一起，课外书和杂志可以放一起。

2. 区分常用的与不常用的

望远镜比较少用，我要放起来，使用时再拿就好了。

小结：整理归类时，还要区分常用与不常用的物品，两者通常不要放在一起。不常用的放在不便于拿到的地方，常用的可以放在随手能拿到的地方，比如书桌、书架上。

3. 给物品找一个对应的"家"，比如罐子、盒子

每个物品都要有一个"家"！

小结：给物品找一个对应的"家"，比如笔放在笔筒里，笔筒就是笔的"家"；零食放进罐子里，罐子就是零食的"家"。

要点归纳及复习

- 通过物品关联性归类，并区分常用的和不常用的。
- 给物品找一个"家"，即放置的容器。

第三章　方法篇：学习10个整理技巧，让整理变得更容易　**065**

16 东西用完不乱放，一定要有归位心理

敦宝跟小朋友约了打乒乓球，临出发前，敦宝找不到自己的乒乓球拍了。敦宝把平常放球拍的抽屉翻来倒去地找，又把卧室和客厅的每一个角落都找了一遍，都没找到。其实，这不是敦宝第一次因为乱放东西而找不到了。球拍最后被妈妈在鞋柜里找到。妈妈批评了他："你肯定是用完后随手扔在鞋柜里就不管了，是不是？"

第三章 方法篇：学习10个整理技巧，让整理变得更容易

遇到的问题和困惑

1. 要用的时候东西却找不到了。

2. 空间、台面变得杂乱,增加收拾的难度。

常犯错误提示

1

用完物品没立刻放回去,一会儿可能就忘了,结果一直没放回去。

> 一会儿再放回去就行了!

> 不行,现在就放回去!

2

此刻知道物品的位置,很可能过几天就忘了。

> 随便放就好,放心吧,我会记得的。

> 你每次都这样,哪次记住过?

寻求解决方法

1. 物品用完立刻随手放回原处

"把球拍立即放回抽屉里。"

小结：一定要有"物品用完立刻放回原位"的习惯。小朋友经常会产生惰性，比如"我一会儿放就好了"，可一会儿就忘了，所以一定要立刻放回。

2. 请先放好物品，再做其他事

"螺丝拧好了，螺丝刀用不着，先放回工具箱吧！"

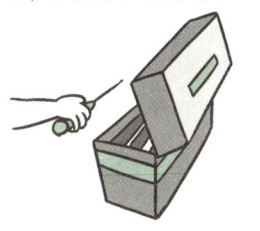

小结：有时候手头有几件事，完成了一部分后，有些物品就暂时用不着了。小朋友可能会想"等把事情全做完了再放回去吧"，结果物品就一直放在那儿了。所以，一定要把"用完物品+放回去"当成一件事完成。

3. 把随手扔东西的毛病改过来

"已经不是第一次找不到球拍了，一定要改！"

小结：如果因为乱放而丢失物品或者暂时找不到了，出现过一次，就争取不要出现第二次，这个毛病一定要改。

要点归纳及复习

- 物品不随便放，要归位。
- 用完的物品要立刻放回原位，不要等。

17 固定的地方放固定的东西，形成心理记忆

　　小飞换了新的身份证，妈妈提醒他要放到证件盒子里，小飞回复说："放心吧，一会儿就放。"可过了几天，妈妈担心的事情还是发生了——小飞找不着身份证了。妈妈帮着他一起，找了很久才找到，原来小飞没有把身份证放回证件盒，而是随手一放，恰巧被餐巾纸盒压住了。妈妈趁机教育小飞："记住啦，以后一定要养成把重要东西放到固定地方的习惯。"

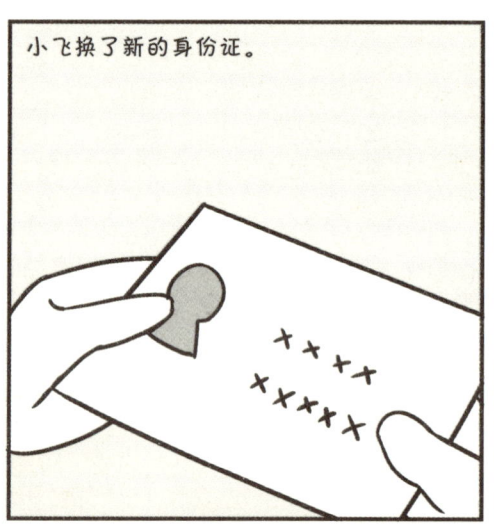

第三章 方法篇：学习10个整理技巧，让整理变得更容易

遇到的问题和困惑

1. 没有把物品放在固定地方的习惯，物品容易找不到。

2. 有固定放物品的地方，但常常忽略，致使物品丢失。

常犯错误提示

东西一定要放在固定的地方，太死板了吧！

你找东西时，就知道这样归位的好处了。

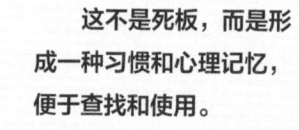

1

这不是死板，而是形成一种习惯和心理记忆，便于查找和使用。

2

小朋友有时也要重视"笨"方法，这可能是最有效的方法噢。

我又不是老人，不用这样做。

你这个年青人不也常常找不到自己的东西嘛。

寻求解决方法

1. 放置物品后，需要形成心理记忆才便于查找

身份证就应该待在证件盒里，果然一下子就找到了。

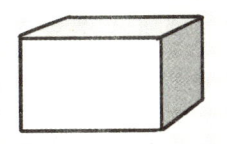

小结：小朋友有可能健忘，所以不能单纯依靠回忆去找物品。有了"固定位置"的帮助，每次要用到某件物品时，一下子就能找到。

2. 用最便于记忆的方法，让固定地方对应正确的物品

要看哪本书，就立刻到书柜上找。

小结：如何让"用固定地方放固定东西"形成心理记忆，也是有讲究的。比如衣柜放衣服，书柜放书，玩具箱放玩具……这是最便于记忆的方法。

3. 增加一个备忘收纳盒，放临时要用到的物品

明天出门要用到，我放在备忘盒子里吧。

小结：给自己添置一个备忘收纳盒，放临时要用到或者候补的备用物品，比如钥匙、门禁卡等。备忘收纳盒可以放在靠近门厅的地方。

要点归纳及复习

- 用固定的地方放固定物品，才能形成心理记忆，便于查找。
- 增加一个备忘收纳盒，放临时要用且零碎的物品。

第三章　方法篇：学习10个整理技巧，让整理变得更容易　**073**

18 利用好收纳盒、挂钩等收纳工具

可涵知道整理收纳的重要性，可她的房间里总共就两个小抽屉，真的放不下太多物品。最要命的是，可涵好不容易把物品分好类别放进抽屉，没过几天就又混杂在一起了。可涵把困惑告诉爸爸："这可不能怪我不会收纳。"爸爸最后给可涵支招，他拿来收纳小盒子和挂钩演示给可涵看，说："有了收纳盒和挂钩，很多难题都可以轻松解决了。"

第三章 方法篇：学习10个整理技巧，让整理变得更容易

遇到的问题和困惑

1. 收纳空间不够，物品容易混杂在一起。

2. 本来收纳得好好的物品，一下子就散落或者移位了。

常犯错误提示

1

嫌东西没法收纳，是因为还没有体验到收纳盒的好处。

抽屉、柜子太少，我没法收纳完啦。

哈哈，你太缺乏收纳经验了！

收纳盒、挂钩是大人才用得到的，不适合我。

谁说的？收纳盒谁都可以用，都适合。

2

小孩也可以利用收纳盒和挂钩，成为整理"小达人"。

寻求解决方法

1. 如果抽屉、柜子太少，请用收纳盒

哇，会魔法的收纳盒！

小结：很多时候，大人整理归类也需要借助收纳工具，比如收纳盒、收纳箱。收纳盒是一个独立空间，可以把物品分隔开，这样物品就不容易混杂在一起了。另外，收纳盒还能把抽屉分隔成几个空间来使用。

2. 在墙壁、面板上找空间，需要挂钩

挂钩很神奇，使用得当的话，可以不占用空间。

小结：整理收纳时不要光靠容器，墙面、柜子面板、门背面都可以通过挂钩利用起来，比如挂衣服或者包包。

3. 选择收纳盒和使用挂钩时要注意的事

要选择大小合适的收纳盒，在恰当的位置挂挂钩。

小结：并不是所有的收纳盒都适合需要，选择时，需要注意大小、高低，要符合桌面或者柜子的尺寸。使用挂钩时则要留意位置，并不是所有的墙都可以粘挂钩，除了讲究高低，还要考虑美观度。

要点归纳及复习

- 独立空间少，就采用收纳盒。
- 用挂钩把墙面利用起来。

19 用超简单的几何方法最大限度利用空间

　　自从学会用收纳盒之后,珂珂就疯狂使用收纳盒。但收纳盒如果使用不当,也会带来负担,比如挤压空间,让原本可以放更多物品的空间,变得只能放下一两个收纳盒。珂珂就遇到了这个难题,在她百思不得其解时,爸爸又来帮助她了。爸爸教珂珂用几何的方法放置收纳盒,这下,珂珂能最大限度地利用收纳空间了。

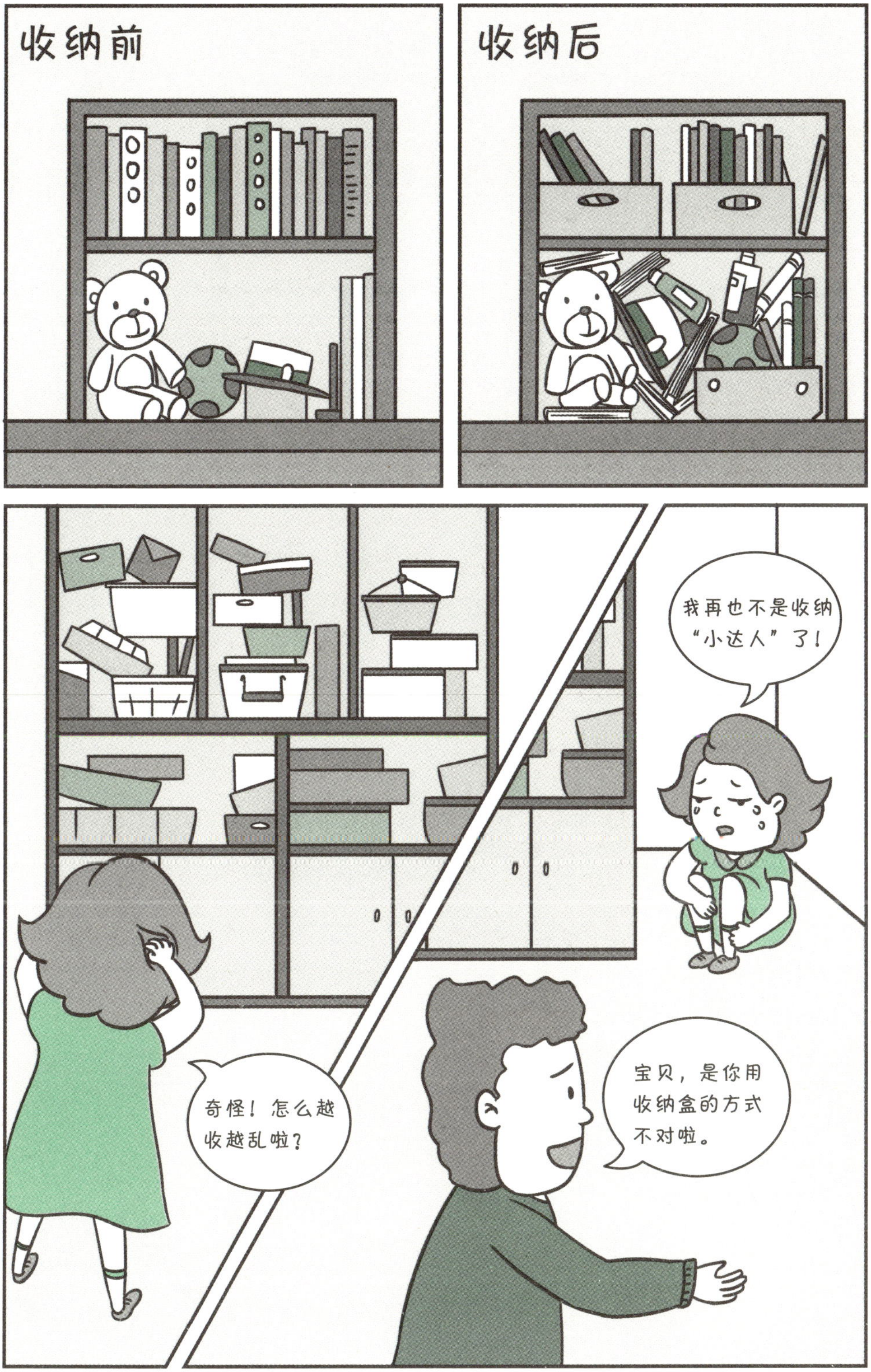
收纳前
收纳后
奇怪！怎么越收越乱啦？
我再也不是收纳“小达人”了！
宝贝，是你用收纳盒的方式不对啦。

遇到的问题和困惑

1. 不懂合理利用收纳空间。

2. 喜欢用收纳盒,但好像挤压了原有的储物空间。

常犯错误提示

收纳盒的形状是固定的,没法随意放。

肯定是你没正确摆放。

1 怎么摆放收纳盒,也是有技巧的。

2 物品摆放得当,就可以容纳更多的东西。

不管怎么摆放,收纳盒能装的物品数量都一样啊。

合理利用收纳盒,你就不会这样想了。

寻求解决方法

1. 利用几何方法把收纳空间分割成多个独立空间

哇，一个空间可以变成多个空间。

小结：利用几何方法，可以把一个收纳空间变成多个收纳空间。比如对收纳盒本身的空间进行分割，变成多格收纳盒。对抽屉、柜子也可以分割，利用盒子、箱子增加收纳空间。

2. 利用几何方法放置收纳盒

原本以为只能放一个，没想到倒过来放可以多放几个。

小结：收纳盒与收纳盒之间按照几何形状互补的原则放，就能节省很多空间。比如方形可以跟方形并排，圆形则可以叠起来。用不同形状互补的方法放置收纳盒，还可以让物品摆放更整齐，更有秩序感。

3. 利用几何方法放置更多数量的物品

同样的小箱子，我只能放三个苹果，爸爸却可以放五个苹果。

小结：单独收纳物品时也是同样的道理，竖着放和横着放、正着放或侧着放，有时可以互补，使空间利用率达到最大。比如在鞋柜里摆放鞋子，并排放与上下交叉放，效果完全不同。

要点归纳及复习

- 利用几何方法增加收纳空间数量。
- 用几何形状互补的方法，提高空间利用率。

20 如果无从下手整理，就从清洁地面开始吧

为了让小飞更加自立，妈妈教了小飞很多整理收纳的方法，但每次面对乱糟糟的房间，小飞还是无从下手。后来，妈妈传授他一个简单的方法：如果无从下手，就从保持地面整洁开始。这招很管用，小飞学会了先把地板整理干净，也明白了在日常整理中，地面整洁是最重要的一环。为了降低日常整理的难度，他还改掉了在地板上乱放物品的习惯。

收纳技能很重要，你要学起来了。

收纳要分门别类；自己的房间要自己整理；每个物品都要从哪儿拿的放哪儿去；贵重的东西要放在固定的地方……

一脑袋糨糊！

第三章 方法篇：学习 10 个整理技巧，让整理变得更容易 **083**

遇到的问题和困惑

1. 面对杂乱无章的场面常常无从下手,甚至想放弃。

2. 想整理收拾,却迟迟找不到切入点。

常犯错误提示

1

行动起来,只要成功把地面清理干净一次,以后就不觉得难了。

> 让地面整洁干净已经很难了。

> 要不,你先整理一次试试。

> 只让地面保持干净没用吧?

> 试都没试,你怎么知道没用?

2

即使只保持地面干净,也很有用,不信就试试看。

寻求解决方法

1. 整理毫无头绪的时候，第一件事就是清洁地面

这个方法真的管用！

小结：对整理毫无头绪时，总要找个突破口，比如从地面整洁开始。把地面清理干净，就会发现剩下的问题都是小问题了。

2. 学会快速整理地面的本领

保持地面干净这么重要，有没有速成法呢？

小结：清理地面没有捷径，但有方法，可以总结为先清零，再擦拭干净。清零是指移除地上物品和清除垃圾；擦拭干净则是利用吸尘器、拖把等清洁工具让地面整洁。

3. 养成少在地上乱放物品的习惯

再也不在地上乱放东西了。

小结：既然整理地面时需要移除地面物品，那为了降低整理的难度，就要改掉在地面上乱放物品的坏习惯。

要点归纳及复习

- 地面干净是整理收拾的切入口。

- 清零 + 擦拭干净 = 快速清理地面。

21 不要过度收纳，经常用的物品要便于取用

妈妈不断跟敦宝灌输整理收纳的意识，现在敦宝收纳意识非常强，一看有物品放在桌面上，就会主动收拾起来，甚至把经常要用的文具也放到柜子最顶格的收纳箱里。每次要用时，敦宝还得借助小梯子。有一次为了拿文具，敦宝不小心从梯子上摔下来，惊动了爸妈，万幸他没有摔伤。经历了这次小危险，敦宝总算知道过度收纳也不好，懂得把物品放置在适当的地方了。

经过妈妈的不断灌输，敦宝开始重视收纳了。

我要把房间收拾得一尘不染！

这个收柜子里。

第三章 方法篇：学习10个整理技巧，让整理变得更容易 **087**

遇到的问题和困惑

1. 把所有的物品都收纳进柜子里。

2. 把经常用到的物品收纳到不容易拿到的地方。

常犯错误提示

桌上都要保持干净，最好不要放置任何物品。

桌面还是要好好利用起来的。

1

桌面空荡荡也不好看，功能也没利用起来。

2

收纳的目的是方便使用物品，而不是给拿东西增加难度噢。

要用的时候再拿就好了，麻烦点儿没关系。

如果物品用起来很难拿，那还要整理干什么？

寻求解决方法

1. 把过度收纳变为科学收纳

> 过度收纳不科学，要改。

小结：过度收纳说明小朋友很勤快，这种精神是值得提倡的，但这种做法是没有理解收纳的意义。保持整洁和便于使用都是收纳的目的，不能只顾整洁而忽视了便利性。

2. 辨别什么是经常用到的

> 这本书我经常看，放在书桌上就可以了。

小结：课本、辅导书、学习用具、水杯等都是经常用到的物品，不需要随时收起来，也不要放在不易拿到的地方。

3. 把物品放在恰当的地方，而不是放在看不到的地方

> 文具放在太里面很难拿呀。

小结：科学收纳不是"眼不见为净"，而是把物品放到恰当的地方。看不见的地方不一定最恰当，便于使用且不影响美观才是最恰当的地方。

要点归纳及复习

- 把经常用到的物品放在便于取用的地方。
- 把物品放在恰当的地方，而不是看不到的地方。

22 懂得处理旧物品，学会珍惜

家里大扫除时，妈妈搜出了一箩筐旧物品，其中有不少珂珂用过的日常物品，还有很久以前小朋友送珂珂的小礼物。妈妈建议珂珂从中选出有用的东西收起来，剩下的再扔掉。珂珂一看旧物品那么多，嫌太麻烦，就对妈妈说："都没什么用了，要不都扔掉算了。"但妈妈教育珂珂要学会珍惜，珂珂在旧物品堆里找了找，果然挑出了对自己特别有意义的礼物，并收藏了起来。

今天是大扫除的日子。

珂珂，这里都是你的东西，你自己整理一下。

第三章 方法篇：学习 10 个整理技巧，让整理变得更容易

遇到的问题和困惑

1. 旧物品太多,看上去大多都用不到,不知道怎么处理。

2. 没有整理旧物的习惯,常常把旧物当废物。

常犯错误提示

1

其实旧物品里也有可以再利用的,不一定"新"的才好。

> 旧的不去新的不来,要用时再买新的就好。

> 你要学会利用而不是浪费!

> 旧物品都是以前用过的,没什么好留恋的。

> 过去的物品可能也有意义噢。

2

过去的东西也很有意义,要学会珍惜和珍藏记忆。

寻求解决方法

1. 常常对旧物品进行整理

嗯,定期整理。

小结:如果很长时间不整理旧物品,东西就会越积越多。要常常整理旧物品,留下该留下的,扔掉不必要的,腾出更多收纳空间。

2. 筛选有用的,懂得利用旧物

这些笔记本都没写几个字,还能用。

小结:其实有些物品只是旧了而已,还能用,而且质量不错。所以在整理旧物品时,要学会筛选出有用的,这样才不会浪费。

3. 除了有用的,还有有意义的旧物品

这是好朋友送我的礼物,我要好好收藏。

小结:有些旧物品看上去没用,但特别有意义,比如别人送的礼物、陪伴自己成长多年的玩偶等。这类旧物品可以根据喜爱程度进行筛选。

要点归纳及复习

- 定期清理,学会利用旧物。
- 珍惜有意义的旧物品。

23 装饰品最好不要和日常用品放一起

可涵喜欢收集各种各样的装饰品，于是书桌上、床头柜上、书架上都摆满了她的装饰品，比如各式相框、小玩偶、小瓶小罐……但可涵并不是一个勤快的人，装饰品和日常用品经常堆积在一起，这让她的小房间特别杂乱无序。妈妈建议可涵不要摆那么多装饰品，可涵却不听。结果有一次好朋友来她家里玩，一进她的房间就感叹了一句："你房间怎么那么像收破烂的呀。"

可涵喜欢收集各种各样的装饰品。

哈哈，收藏又增加了！

桌上

床头

但是她总把装饰品和日常用品堆在一起。
明天珂珂来玩吧，你好歹收拾一下房间呀。
我觉得这样就很好哇！
结果……
哇！你这是收破烂的吗？
我的收藏怎么就成破烂了？

遇到的问题和困惑

1. 为了追求美观而摆放了很多装饰品，没想到让空间更杂乱了。
2. 不知道怎么恰当地摆放家居装饰品。

常犯错误提示

1

装饰品摆得越多越好！

不能放那么多，收掉一些吧。

使用装饰品不是简单地做加法，不是越多越好。

2

和日常用品混在一起，会让装饰品变得像杂物，不协调。

装饰品和日常用品放在一块儿，会让我的房间更有格调。

我怎么看着更乱七八糟了。

● 寻求解决方法 ●

1. 不是所有的地方都要摆放装饰品

装饰品只能放在合适的地方！

小结：可能有小朋友误会了，认为不管什么地方都可以摆放装饰品，后果就是滥用装饰品。装饰品不是越多越好，建议多听听爸妈的意见。

2. 装饰品和日常用品尽量分开

嗯，混在一起是大忌！

小结：一个装饰品独立摆放很美观，但如果旁边是一堆日常用品，那装饰品看起来就像日常杂物了。这时装饰品不仅达不到点缀的作用，还会变成累赘。

3. 摆放装饰品讲究美观，还要注意日常整理

任何物品都要定期整理，装饰品也一样。

小结：装饰品可以提高环境的美观度，但装饰品本身也会吸附灰尘、变脏。如果不注意日常整理，环境的舒适度就会大打折扣。

要点归纳及复习

- 装饰品"少即是多"。
- 装饰品与日常用品分开摆放，并定期清理。

24 从小学会垃圾分类，保护环境

社区实行垃圾分类了，敦宝却总觉得整理归类垃圾是一件麻烦事。妈妈让他学习垃圾分类，他总说自己还小，以后就懂了。有一天，班级大扫除，敦宝把玻璃瓶、废弃小电池跟果皮、废纸放在一起，结果受到了同学小飞的嘲笑。小飞说："原来你这么没常识，玻璃瓶是易碎品，废弃电池也不能随便丢弃，都是要放进回收箱回收的。"

第三章 方法篇：学习10个整理技巧，让整理变得更容易

遇到的问题和困惑

① 不懂垃圾分类，白白浪费了可回收再利用的物品。

② 怕自己学不会垃圾分类。

常犯错误提示

垃圾分类真麻烦。

学会了就不麻烦了。

因为不会，所以才觉得麻烦吧。

垃圾分类、保护环境，这些好习惯应该从小养成。

我现在还小，不用学垃圾分类。

垃圾分类就要从小学起。

垃圾分类很容易，把食物残渣跟非食物残渣分开就好。

垃圾可不止这些种类噢。

这只是垃圾分类的一小部分，还有很多要学的常识。

寻求解决方法

1. 先了解一些垃圾分类的基本常识

感觉之前知道的垃圾分类常识太少了。

小结：对小朋友来说，很快就学会垃圾分类不太现实，垃圾分类需要从日常实践中不断学习。但是，先了解一些垃圾分类的基本常识是很有必要的，比如垃圾分干湿，电池别乱丢等。

2. 养成回收垃圾的习惯

明白了，很多垃圾是可以回收的！

小结：可能小朋友从小的思维就是垃圾应该丢弃，其实很多垃圾是可以回收再利用的。比如纸皮箱和饮料瓶可以单独回收，旧衣物、旧书等也可以回收。

3. 多看垃圾分类宣传和教育资料

多学习，多了解！

小结：想学会正确地分类垃圾，小朋友们可以多看看垃圾分类的宣传和教育资料，多了解一些关于垃圾分类的知识。

要点归纳及复习

- 干湿垃圾要分开，玻璃制品、废弃电池别乱丢。
- 旧衣物、旧书都是可以回收的。

和教育专家聊聊天

世界著名的物理学家爱因斯坦，曾对自己一生的科学探索进行总结，列出一个成功公式：成功＝艰苦的劳动＋正确的方法＋少说空话。这个公式强调了正确的方法对成功的重要性。

同样道理，小朋友的整理活动也需要掌握并采用正确有效的方法。当我们有了整理的意识，养成了整理的好习惯，并知道了整理要从生活小事做起，如果没有掌握正确整理的方法，还是会事倍功半、适得其反。也就是说，没有掌握整理的方法和本领，我们整理的虽然很多，效果却并不让人满意，有时候还会越整理越乱，没有达到心目中的理想效果。这都是因为我们没掌握正确的整理方法与技巧。

那么有效的整理方法从哪里学呢？小朋友可以跟爸爸妈妈、老师以及身边的同学学，还可以多看资料，并在实践中多加练习，把学到的方法真正应用起来。这样，整理收拾将会变成一件并不难的事情啦。

04

进阶案例篇：

破解常见的收拾难题，让自己成为整理小达人

- 生日party结束，留下一地狼藉怎么办
- 要搬家了，自己的东西应该如何整理收拾
- 家里大扫除，我可以做些什么
- 全家准备旅游了，如何才能收拾好行李
- 出门做客，要注意衣着整洁
- 运用整理技巧，让电源线、数据线等井然有序
- 用整理房间的方式，整理自己的电脑和手机
- 和教育专家聊聊天

25 生日 party 结束，留下一地狼藉怎么办

　　小飞生日时叫了敦宝、珂珂等同学到家里吃蛋糕庆祝，大家玩得特别高兴。生日 party 结束后，同学们各自回家去了，小飞瘫坐在蛋糕残渣、饮料瓶等垃圾中间，看着客厅沙发、地毯一片混乱，犯了难。他心想：同学们真不够意思，拍拍屁股就走了，留下自己一个人收拾烂摊子，也不知道该从何下手整理。

可是朋友走后，留下个大问题……

一片狼藉！

满地凌乱！

也没人留下帮我收拾一下，亏了。

唉，下次还是别过生日了。

遇到的问题和困惑

① 生日派对之后，杂乱的场面需要自己收拾，容易滋生负面情绪。

② 生日派对结束，一地狼藉，不知道从何收拾起。

常犯错误提示

劳动量太大了，没干过，不会！

不会才要学。

趁这时候学习吧，总能学会的。

玩的时候大家一起玩，现在要一个人收拾，好郁闷。

调整情绪，恢复好心情吧。

同学们帮你庆祝生日，应该高兴才对。

等妈妈回来收拾吧！

我们一起收拾，我来教你吧。

记住！妈妈不是工人，而是"老师"。

寻求解决方法

1. 整理之前，收拾心情，克服负面情绪

> 开心点儿，我已经很幸福了！

小结：整理场地之前，要先整理自己的心情。比如换个角度想：过了一个超级愉快的生日party，我应该感谢同学们来参加，这样心情就会好很多。

2. 先清除食品残渣，扫除垃圾

> 先清理残渣吧！

小结：收拾派对结束后的场面，如果懂得分步骤做就会更轻松。通常第一步是清除食品残渣、扫除饮料瓶等垃圾，即把多余垃圾都先收拾掉。

3. 第二步是物品归位

玩具放回玩具箱，玩偶也放回原来的地方！

小结：清除完垃圾后，可以尝试把物品归位，就是把因为玩耍而改变位置的物品放回原处。除了玩具、书本等，可能连沙发也被移动了，要复原。

要点归纳及复习

- 整理前先整理情绪。

- 分步骤，先清理垃圾，再复位物品，最后进行清洗工作。

第四章　进阶案例篇：破解常见的收拾难题，让自己成为整理小达人

26　要搬家了，自己的东西应该如何整理收拾

要搬家了，妈妈让敦宝先整理好自己的物品，敦宝毫无头绪，不知道从何做起。后来，他想反正要一起打包的，就把抽屉、箱子里的所有物品全部倒进打包用的纸箱里，然后跟妈妈说整理完毕了。妈妈一看，很不满意："你要筛选一遍，还要分好类哦，搬家打包可不是把垃圾也一起打包搬走。"敦宝没想到，原来搬家还有这么多学问。

要搬家了，妈妈让敦宝整理自己的物品。

带什么不带什么要想好噢。

真麻烦哪，这要收拾到什么时候？

敦宝觉得有好多东西都要带。

第四章 进阶案例篇：破解常见的收拾难题，让自己成为整理小达人

遇到的问题和困惑

1. 要搬家，不懂得如何整理自己的物品。

2. 整理搬家物品有好多学问，好复杂，感觉自己不能胜任。

常犯错误提示

1

东西全放一起就乱了，而且把不要的东西一起打包会增加负担。

> 反正要打包，就把所有物品一起放在箱子里好了。

> 要筛选，要分类！

> 太麻烦了，不如全都不要，买新的好了。

> 这是什么想法？太浪费了！

2

这种想法确实十分不靠谱。

寻求解决方法

1. 搬家要懂得做减法

> 有些不要的物品，就不要搬来搬去了。

小结：搬家不是全部搬，趁搬家这个机会，给自己的物品做减法，即清理掉部分不需要的物品。

2. 耐心对物品进行分类

> 分类之后才能打包！

小结：打包不是全部放在一起，必须分类之后再打包。要学习分类，比如把衣物、学习用品、玩具等都分类整理好，然后让爸妈帮忙打包。

3. 重要的小物品要随身携带

> 钱包、身份证这些物品不能乱放。

小结：搬家时要给自己准备一个随身书包，用来装一些比较重要的小物品，比如钱包、身份证、贵重饰品等，避免这些物品在搬运过程中丢失。

要点归纳及复习

- 搬家时做减法，学会分类。
- 用随身的包装重要小物品。

27 家里大扫除，我可以做些什么

　　大扫除了，家里要整理收拾的地方很多，但爸妈并没有给小飞分配活儿。于是小飞跑去玩电脑游戏，而且边吃零食边玩，零食渣渣掉了一地，把妈妈刚清洁干净的地板又弄脏了。妈妈生气地和他说："家里大扫除，你不帮忙，也不要添乱哪！"小飞感到很委屈："我也想帮忙，可我不知道能做什么呀。"

周末，小飞家搞起了大扫除。

弹弹弹

拖拖拖

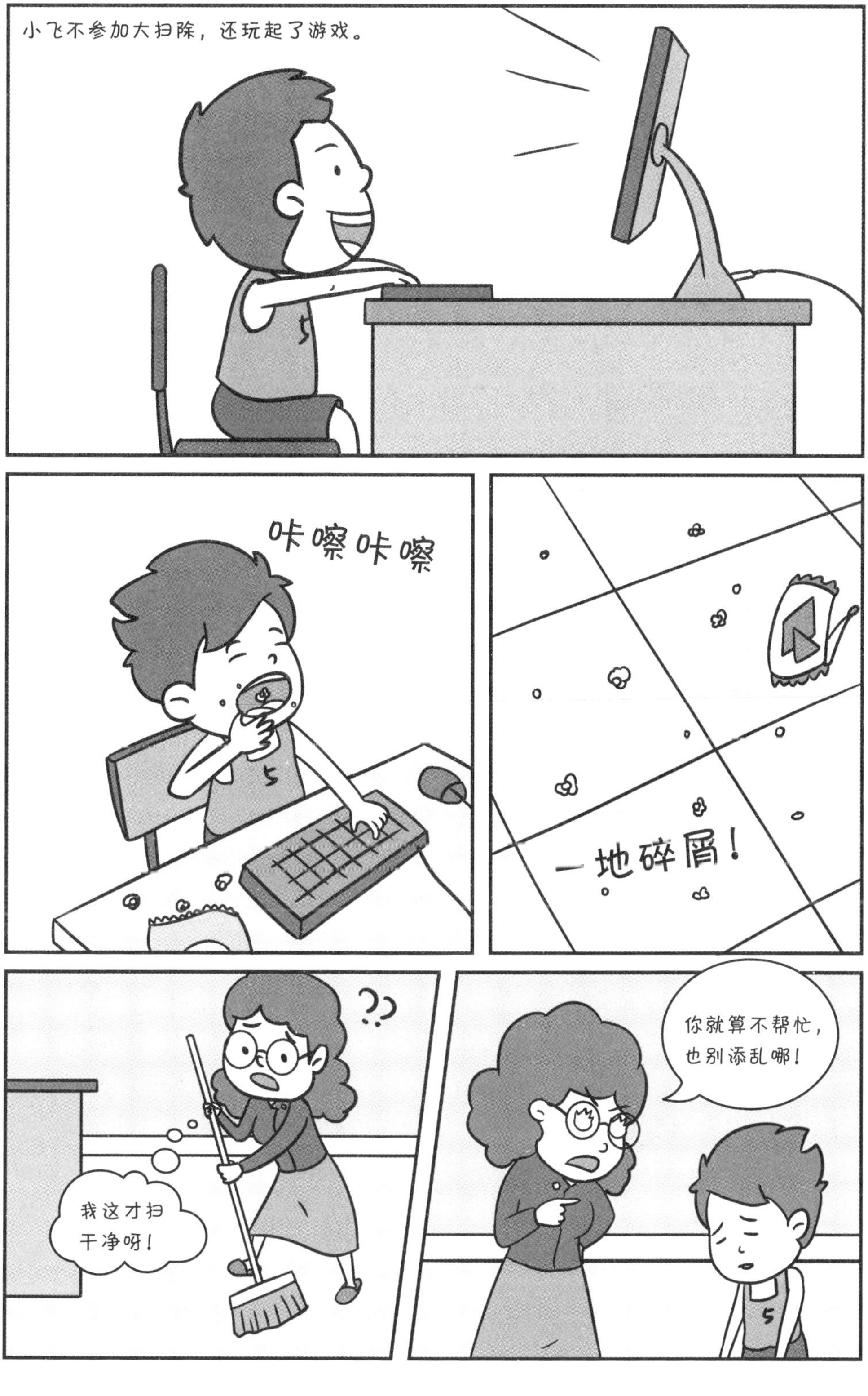

小飞不参加大扫除，还玩起了游戏。
咔嚓咔嚓
一地碎屑！
??
我这才扫干净呀！
你就算不帮忙，也别添乱哪！

遇到的问题和困惑

1. 一直认为大扫除是爸妈的事情，跟自己无关。

2. 家庭大扫除，爸妈里里外外都很忙，自己想帮忙，却不知道做些什么好。

常犯错误提示

1 作为家庭一分子，应该主动参与。

> 你们没叫我帮忙，就没有我的事。
>
> 那你可以主动一点儿呀。

2 大扫除中要有所担当，特别是自己的事自己做。

> 你们应该顺便把我的房间也整理了。
>
> 自己的事先自己做！

• 寻求解决方法 •

1. 先别给大扫除添乱

能否帮上忙可以慢慢学习，但别添乱。

小结：在家庭大扫除中帮忙、做贡献，可以日后慢慢学习，先别给爸妈添乱很重要。首先，零食残渣掉一地就不对了；其次，一定要先主动整理好自己房间的物品。

2. 做力所能及的事或主动领任务

不管大扫除中我能做多少，一定要参与。

小结：做到不添乱之后，可以为家庭大扫除做力所能及的事，或者向爸妈主动领任务，比如倒垃圾、递工具等比较轻松的活儿。

3. 在帮忙中学习，争取下次干更多的活儿

学到了很多，下次可以多干点儿活儿了。

小结：如果没有大扫除的经验，那就在帮忙时跟爸妈学习，争取下次大扫除时可以胜任更多事情，干更多的活儿。

要点归纳及复习

- 别添乱，先把自己房间收拾好，然后在帮忙中学习。
- 听从指挥打下手，比如倒垃圾。

第四章 进阶案例篇：破解常见的收拾难题，让自己成为整理小达人 115

28　全家准备旅游了，如何才能收拾好行李

要去海边度假了，妈妈早早就把行李整理好，并吩咐可涵也早点儿整理自己的行李。但可涵磨磨蹭蹭，眼看明天就要出发了，她才匆忙拿起几件衣服，和零食包裹在一起往行李箱塞。妈妈见状，连忙阻止："等等，行李可不是这样整理的。"但可涵很着急，明天就出发了，她不知道现在应该怎么办。

手忙脚乱！

你行李怎么乱糟糟的？

可涵匆忙整理好行李，跟着家人去海边，结果发现居然没带泳衣。

我到底是来干吗的？

遇到的问题和困惑

1. 要出门旅行，不知道怎样整理行李。
2. 到了目的地，总会发现有些物品忘记带了。

常犯错误提示

1

收拾得太急，往往就忘这忘那了。

> 我收拾行李速度很快的，临出门前整理一下就好了。

> 你到时可别手忙脚乱噢！

> 整理行李没什么学问，把物品塞进行李箱就好了。

> 可没那么简单，你好好跟我学。

2

如果这么简单，那为什么有人行李箱能塞很多东西，有人只能塞很少呢？

寻求解决方法

1. 不要在临出发前才收拾行李

提前收拾行李是有好处的。

小结：在临出发前才收拾行李，往往因为过于匆忙，对要带的物品考虑不周，造成遗漏。所以收拾行李不要太匆忙，要提前预留足够的时间。

2. 给物品分类后再放进行李箱

嗯，不要混杂在一起。

小结：放进行李箱之前，要先给物品分类，比如分为"必需的""经常要用到的（根据目的地）""消遣的零食和书籍"等。

3. 最常用到的物品放在离箱子开口最近的地方

数据线经常用到，要放在便于取用的地方。

小结：装箱也是有学问的，衣物等大件通常用袋子包着放底层，而最常用到的东西放在离行李箱开口最近的地方，便于取用。

要点归纳及复习

- 提前准备出行备忘录和收拾行李。
- 根据重要性给物品分类，并放在不同的位置。

第四章 进阶案例篇：破解常见的收拾难题，让自己成为整理小达人 **119**

29 出门做客，要注意衣着整洁

妈妈要带敦宝参加宴会，敦宝刚刚打完球回来，浑身臭汗，妈妈叫他去整理一下再出发。可没一会儿敦宝说可以走了。妈妈一看他头发凌乱，球衣也没换，只是背上了书包，连忙说："你起码去洗个澡，换身衣服呀。"敦宝却说不用，臭汗风吹一吹就干了。最后，在妈妈的坚持下，敦宝才不情愿地去洗澡、换衣服了。

扣篮得分！

妈妈，我回来啦！

怎么才回来？快去换衣服，我们出门啦！

妈妈要带敦宝去参加宴会。

随便
我好啦！
你怎么没换干净衣服呀？
没事，风吹吹就干了。
就算衣服干了，你这臭烘烘的汗味能见人吗？
好吧……
干净整洁是基本的礼仪，赶快洗个澡去！

遇到的问题和困惑

1. 对自己的形象缺少整洁、大方的意识。
2. 出门前不会打理自己,不懂什么是"衣着整洁"。

常犯错误提示

我比较随意,没那么多讲究。

那起码要整洁呀!

1

随意不是不好,但整洁是最基本的要求,这不需要多讲究。

2

衣着整洁,并不意味着就要隆重打扮啦。

我不喜欢太隆重,那样太麻烦了。

又没叫你化妆,只是叫你换身整洁的衣服。

• 寻求解决方法 •

1. 衣着整洁，先从整理领子、扣子开始

经常扣错纽扣可不行。

小结：有时小朋友早上匆忙去上学，可能会粗心大意，比如领子没整理好、扣子没扣好。衣着整洁意味着要注意这些小细节。

2. 培养体面大方的衣着习惯

体面大方，跟新不新潮关系不太大。

小结：衣着整洁不一定就要买新衣服，不一定要新潮。有时旧衣服也可以很体面大方，但是领子不要有褶皱，扣子要扣对。如果运动流汗了，可以考虑换一件衣服再出门。

3. 在特别的场合，要有服饰礼仪常识

据说参加宴会要穿黑色的，我穿黄色的好像不太好。

小结：有些场合要稍微讲究一点儿，遵守基本的服饰礼仪。如果拿捏不准，可以征求大人的意见。

要点归纳及复习

- 整理好领子和扣子。

- 学习服饰礼仪常识。

30 运用整理技巧，让电源线、数据线等井然有序

随着添置的大小电器越来越多，小飞房间的电线也越来越多，有电脑的、网络的、手机的、吹风机的、电插排的……电线缠绕在一起，除了影响美观，还常常绊倒人。有时妈妈会顺便帮小飞整理这些电线，可没过两天又乱成一团麻。妈妈提醒过小飞，要学会整理电线团，但小飞并不在意，直到有一天自己被这些电线绊倒了，他才意识到事情的严重性。可该怎么整理呢？

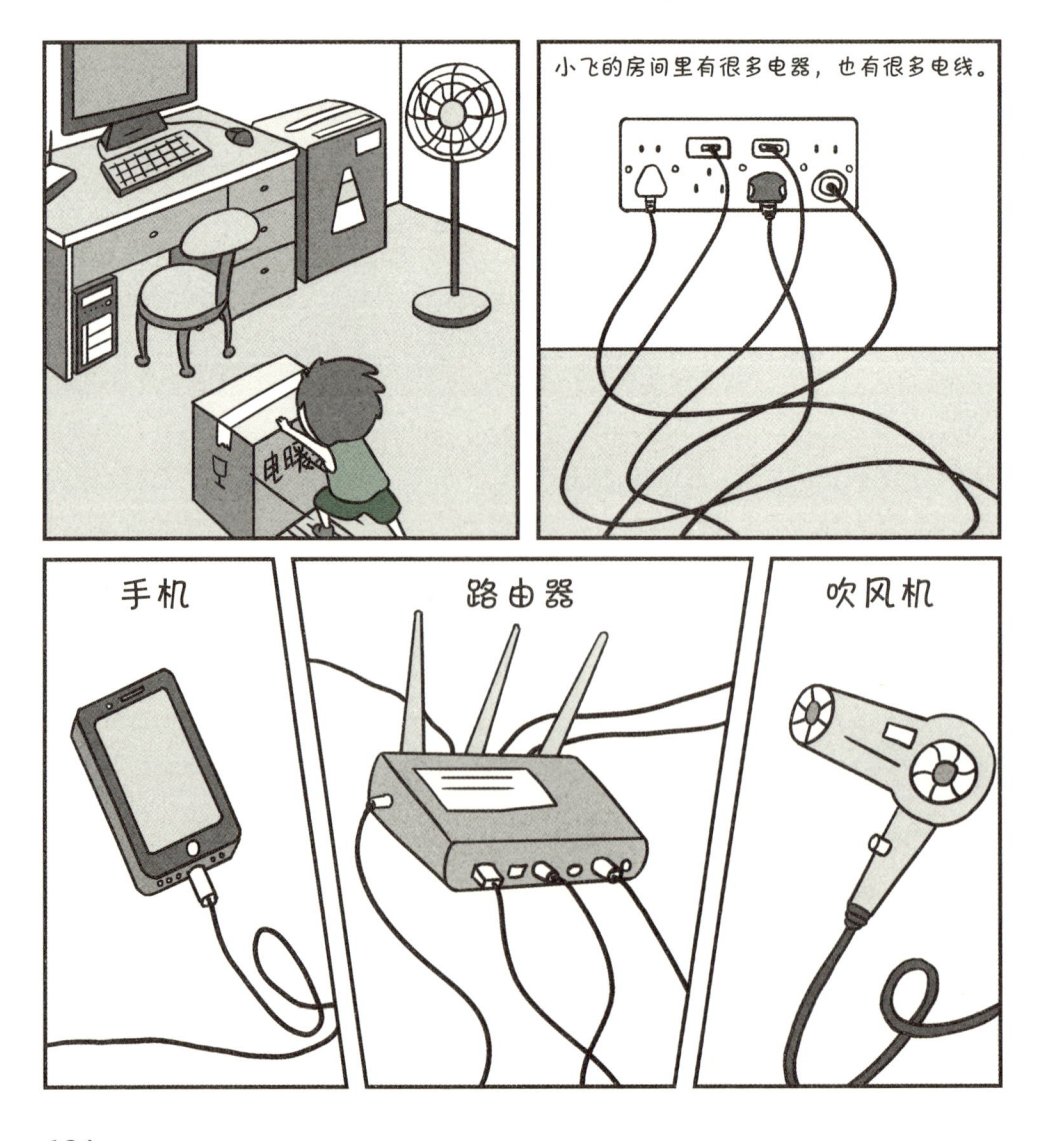

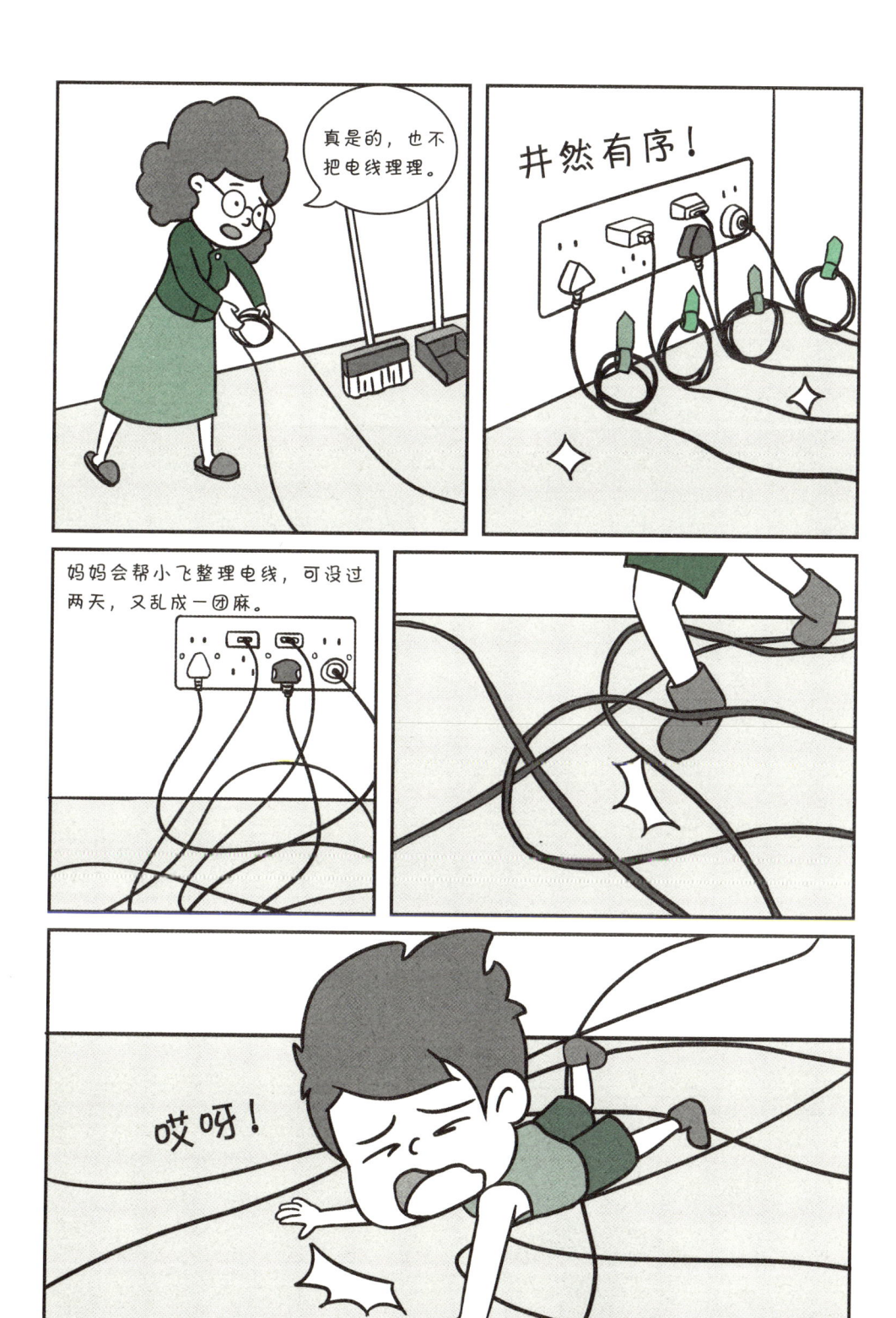

第四章 进阶案例篇：破解常见的收拾难题，让自己成为整理小达人 **125**

遇到的问题和困惑

1. 电源线、数据线太多，影响美观。

2. 电线太长，没整理好会绊倒人，还会产生安全隐患。

常犯错误提示

1

办法总是有的，需要技巧而已。

> 没办法整理，电器那么多，线路就那么多。

> 你不懂技巧，当然没办法。

> 平常走路注意点儿就好，不会绊倒的。

> 到时被绊倒了，可别哭噢！

2

电线的安全问题还是做好预防比较好。

寻求解决方法

1. 不要图省事，使用完就及时收起不必要的电器、电线

数据线用完就收起来。

小结：电线太多，有一半原因是因为图省事。比如数据线、充电线用完以后不及时收纳起来，继续插在电器或者电源上，这是不安全的。

2. 用捆绑线缩短电线的长度，并固定住

要用捆绑线把电线绑起来。

小结：用捆绑线可以缩短电线的长度，并固定住电线，让它们不随便散落，既便于日常地面清洁，又能让空间变得更加整洁。

3. 利用家具摆放技巧，遮住电源线，不让它们裸露在外面

书桌向里移动一下就好了，恰好能遮住。

小结：电插座、电线影响美观而且有安全隐患。其实，有时候只要动动脑筋就可以轻松解决这个问题，比如利用家具摆放技巧，遮住电源线等。

要点归纳及复习

1. 及时收纳不用的电线。
2. 缩短电线长度。
3. 利用家具遮住电线和插座。

31 用整理房间的方式，整理自己的电脑和手机

　　小飞有一个急用的学习文档放在电脑里，可他完全想不起来放在哪个文件夹里了。小飞找了很久没找着，只能让爸爸帮忙。爸爸打开小飞电脑，看到桌面上密密麻麻都是文件，一下也蒙了。后来，爸爸几乎查了所有文件夹，才找到了要用的学习文档。爸爸跟小飞说："你的电脑文件也太乱了，以后要学会整理自己的电脑文件了。"

第四章 进阶案例篇：破解常见的收拾难题，让自己成为整理小达人 **129**

遇到的问题和困惑

1. 电脑里的文件太多了,不知道怎么整理。
2. 在电脑里总是找不到自己需要的文件。

常犯错误提示

1 不整理电脑文件,找文件时就会很麻烦,不仅浪费时间,可能最后还没找到。

> 不用整理吧,反正都在电脑里,不会丢失。

> 每次都这样说,每次都找不到。

2 电脑桌面的空间也有限哪。

> 都放在桌面就好了,便于寻找、打开和使用。

> 电脑桌面也不能太乱。

• 寻求解决方法 •

1. 及时清除电脑垃圾

是的，不要的文件要及时清除。

小结：其实整理电脑跟整理房间是一个道理，要及时清除垃圾。这样既能腾出更多的空间放置有用的文件，也不会让电脑文件太杂乱。

2. 学会归类建档，合理使用电脑空间

不同类型的文件不要放在一起。

小结：跟平常整理抽屉、书桌一样，电脑文件就相当于物品，要归类建档，不要混杂在一起。经常使用的文件和软件，可以放在桌面等方便找到的地方。

3. 给文件和文件夹都取上名字

不要偷懒，把文件和文件夹的名字写清楚。

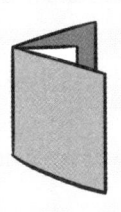

小结：给文件和文件夹都取上名字，这样才方便查找、检索。如果文件和文件夹没有名字，寻找文件的时候就很困难了，检索功能也可能识别不了。

要点归纳及复习

- 随时清除不要的电脑文件，对有用的文件分类归档。
- 给文件和文件夹都取上名字。

和教育专家聊聊天

　　如果我们具备了一定的整理方法，也开始动手整理，但总是整理不好，或者整理的过程很艰难，我们就要想一想，是不是这次的整理任务超出了我们的能力范围？比如搬家和全家大扫除等整理活动，就明显不可能一个人完成。

　　小朋友们的能力毕竟是有限的。面对这样的问题，我们首先要避免滋生负面情绪，准确地评估自己的实力和整理任务的难易程度，积极寻求家长或老师等大人的帮助。哪怕只做了一些力所能及的事，或者主动领取一些简单的任务，就很棒了；也可以与大人配合完成一些复杂的任务；还可以发挥自己的聪明才智，在以前整理的经验基础上，创新性地破解难题。最后，在这个过程中慢慢学会完成复杂的整理任务，成为整理"小达人"。

05

整理情商篇：

把整理思维迁移到学习和生活的其他方面

- 整理笔记可以提高学习效率
- 当选了足球队队长，是不是要整顿一下纪律呢
- 与爸妈闹别扭了，要学会整理情绪
- 与同学相处，要学会清除坏情绪
- 写作文前先整理想法，思路会更清晰
- 事情很多，会整理任务可以事半功倍
- 如果感觉身体疲劳，就要整顿休息
- 和教育专家聊聊天

32 整理笔记可以提高学习效率

可涵是数学尖子生，而敦宝无论付出多大努力，数学始终是弱项。有一次，老师检查同学们的课堂笔记，发现可涵的笔记是全班整理得最好的，相比之下，敦宝的数学笔记不但字迹潦草，还很凌乱。课后，老师跟敦宝说想提高数学成绩，要先学会整理笔记。她还建议敦宝平时多跟可涵学习，于是敦宝借可涵的笔记来参考和学习。慢慢地，他发现自己的学习效率的确提高了。

认真听

拼命记

敦宝学数学有个老大难问题……

我知识点还没记完哪！
我已经记好了，要不要借你抄？
条理清晰
可涵的笔记
潦草凌乱
敦宝的笔记
敦宝，想提高成绩，得先学会记笔记噢！

遇到的问题和困惑

① 很认真做笔记，可每次的笔记自己都看不懂。

② 想快速、清晰做好课堂笔记，但不知道怎么做。

③ 认真做笔记了，学习成绩还是不行。

常犯错误提示

老师说什么记什么不就好了？

你跟不上老师讲话的速度的。

记笔记要抓要点，再说自己也记不了那么多。

我是写字速度太慢，所以记不全。

可以先学速记呀！

没关系，先速记，课后再重新整理笔记。

课后没必要重新整理笔记。

你错了，非常有必要！

课后整理笔记很重要，有时比当场记录还重要。

寻求解决方法

1. 速记不能懒，要点记清楚

速记不是乱写。

小结：整理笔记分两步，第一步是速记，因为还要听课，所以大多数时候不可能把笔记记得很完整。速记的关键就是一定要记清楚要点，不能偷懒。

2. 尽可能讲究笔记的完整性和条理性

笔记记得太乱了，课后也看不明白的。

小结：速记不是不讲究逻辑，速记也要讲究完整性和条理性。比如老师讲了什么问题、分了哪几个要点、举了什么例子等，要清晰、完整地速记下来。

3. 学会课后整理归纳，总结要点和重点

整理笔记的真正功夫在课后。

小结：很多小朋友可能记完笔记就扔到一边不管了，久而久之，就变得生疏了。因此，要学会课后重新整理归纳笔记，即总结要点和重点，这个过程可以加深自己的认知。

要点归纳及复习

- 提高速记能力。
- 课后重新总结、提炼笔记的要点和重点。

33 当选了足球队队长，是不是要整顿一下纪律呢

小飞刚刚被选为足球队队长，他认为球队凝聚力不够，决定"从严治军"。于是，小飞规定队员们每天放学都要训练一个小时，可大家放学都有作业要做，于是纷纷抵制这个规定。小飞感到自己的队长威严扫地，准备制定更严格的队规，就向爸爸寻求建议。没想到爸爸没有站在他这一边，还教导他："整顿纪律很好，但要讲科学呀。"

小飞因为表现积极，被任命为学校足球队队长。

小飞，可要好好领导球队噢！

要踢好，就得从严训练。

有了！

138

放学后
同学们，从今天起，我们每天放学多训练一小时。
天天一小时，太魔鬼了吧！
我还有兴趣班呢！
交不了作业你负责？
爸爸！求助！
你这样训练不科学，队员们当然不愿意听。

遇到的问题和困惑

① 刚刚当上队长，不知道怎么整顿球队纪律才好。

② 制定了规则，大家却不遵守，感觉威严扫地。

常犯错误提示

我是队长，大家都应该听我的。

你应该先听听别人的想法。

想整顿球队，其实应该多倾听大家的意见。

从严治军肯定没错，队规越严厉越好。

不讲科学，光严厉是没有用的。

科学比严厉更重要噢。

不是纪律不科学，做不到是因为队员们能力太弱了。

如果纪律不合理，谁能做得到？

队员们都不是超人，因为训练而影响学习也确实不科学。

• 寻求解决方法 •

1. 整顿纪律不能片面追求严厉

树立威信，应该更科学一点儿。

小结：整顿纪律、制定规则时片面追求严厉的话，效果往往不会太好。最主要的，还是要讲究科学性，比如时间安排是否合理、队员身体会不会超负荷、能不能达到训练效果等。

2. 寻求建议，在征求队员意愿的基础上整顿纪律

队员们的意愿很重要。

小结：球队不是一个人说了算，队长可以帮球队做决定，但不能专横。在整顿纪律、制定规则之前，应该跟队员们多沟通，寻求合理的建议。

3. 以更团结、取得更好成绩为目标

破坏团结，破坏大家积极性就糟了。

小结：整顿纪律是为了让大家更团结，提高大家的积极性和参与度。如果整顿纪律打击了大家的积极性，那么球队也不会取得好成绩的。

要点归纳及复习

- 整顿纪律要讲究科学方法，不要过分严厉。
- 综合大家意见，再制定规则。

34 与爸妈闹别扭了，要学会整理情绪

可涵跟妈妈吵架了，她因为闹情绪，偷偷找了一个地方躲起来。爸妈找不到可涵，急得不得了，打遍了同学和老师的电话。后来在同学们帮助下，老师找到了可涵，开导她说："跟爸妈的爱相比，争吵是不是一件小事？"可涵点了点头。老师看到可涵情绪稳定了，就劝她以后要学会开导自己，可不能动不动就离家出走了。

芊芊都换新的智能表了，为什么我不能换？

好好的表又没坏，干吗要换！

妈妈根本不爱我！

因为跟妈妈闹情绪，可涵"离家出走"了。

爸妈找不到可涵，急坏了。
可涵！
可涵！
芊芊妈，可涵去你家了吗？
你看见我家女儿了吗？
老师，可涵出走了，能帮忙找找吗？
傻孩子！干吗躲这儿？你爸妈都在找你呢！
又冷又饿！

遇到的问题和困惑

1. 一跟爸妈闹别扭，就觉得天要塌下来，不知道怎么办。

2. 争吵时，很容易认为爸妈不爱我了，想跟他们赌气。

常犯错误提示

1

情绪一上来就很难把控，这很正常，所以更需要整理情绪。

> 我控制不住情绪，没办法。

> 没事，学会整理情绪就好了。

> 一定要记住，不管出什么事，都不要离家出走！

> 我想先离开家里再说。

2

离家出走只会让事情更糟糕，还可能遇到危险，千万别做这种傻事。

寻求解决方法

1. 想办法先让自己冷静下来

冷静！冷静！

小结：整理情绪的第一步是先冷静。比如可以不走远，在家门口呼吸下新鲜空气，或者上网跟好朋友聊聊天，向他们倾诉。

2. 想想有没有误会

原来不过是小误会而已！

小结：大多数跟爸妈的争执可能都是小误会引起的。发脾气时可能做不到理性思考，但整理情绪时，可以想想有没有误会，是不是自己太计较等问题。

3. 即使是爸妈错了，也要理解他们的初衷

他们也是为了我好！

小结：即使发生争吵，爸妈对我们的爱也不会改变。他们不一定都是对的，但即使爸妈错了，也要尽量理解他们的用心，想想他们好的地方，这更有助于消除自己的怒气。

要点归纳及复习

- 冷静下来思考一下，是不是一场小误会？
- 爸妈是想为我好，所以不跟他们计较了。

35　与同学相处，要学会清除坏情绪

小飞最近情绪不稳定，经常发脾气。有一天，珂珂看他不开心，想开导他，却被小飞呵斥："就知道你想看好戏，关你什么事？"被责备的珂珂感到委屈，头也不回地走了。因为脾气不好，同学们也渐渐不找小飞玩了。小飞问爸爸："为什么同学都不跟我说话了？"爸爸反问他："你愿意跟经常发脾气的同学交往吗？"听到爸爸这么说，小飞若有所思。

人倒霉时，路上石子都比平时多。

小飞最近心情不太好。

可恶！又写错了！

好烦！又要打扫卫生！

第五章 整理情商篇：把整理思维迁移到学习和生活的其他方面 147

遇到的问题和困惑

① 感觉同学们都想看我笑话,所以不自觉地对他们发火。

② 脾气不好,同学们都不想和我说话了。

③ 心情郁闷,不知道怎样清理坏情绪。

常犯错误提示

我学习压力很大,发发火很正常。

那如果同学跟你发火呢?

自己心情不好,但同学是无辜的。

想跟我交朋友,就应该接纳我的坏脾气。

谁想和坏脾气的人交朋友呢?

想交朋友,就应该改掉坏脾气。

跟朋友发发脾气,刚好可以释放坏情绪。

释放情绪不一定要靠发脾气。

找朋友倾诉很正常,但不应让好朋友成为自己的"坏情绪回收站"。

寻求解决方法

1. 消除怒气后，再跟好朋友说话

气还没消，不宜社交。

小结：每次怒气无法控制时，可以先远离同学们，等怒气消了后再跟好朋友说话。这样可以避免在生气时发生争吵，伤害对方。

2. 不如把不开心的事情说出来，寻求安慰

我不太开心。

小结：找伙伴排解情绪不一定要发怒，可以把不开心的事情说出来，寻求安慰，即懂得倾诉。这样既避免发脾气，又能让朋友感到自己对他的信任。

3. 将心比心，我也不喜欢同学冲自己发火

老冲别人发脾气的人不会受欢迎。

小结：想一想，如果有同学经常冲自己发脾气，自己是不是能忍受？多半是不能忍受的，可能还会讨厌发脾气的同学，所以不要让自己也成为一个"被讨厌的人"。

要点归纳及复习

- 火气消除之后再说话。
- 把发泄改为倾诉。

第五章　整理情商篇：把整理思维迁移到学习和生活的其他方面

36 写作文前先整理想法，思路会更清晰

敦宝是急性子，平常写作文恨不得一下子就完成。所以每次敦宝看到作文题，想都没想就开始写，然后写着写着就卡壳，不知道怎么往下写。即使勉强写完，文章读起来也逻辑混乱，不知所云。老师告诉敦宝："写作文之前要先整理思绪，思路清晰以后再下笔。"敦宝却不太明白：难道写作文不是靠灵感吗？

敦宝是急性子，写作文时总恨不得一下子就完成。

苦思

冥想

内容不够，字数来凑。

大功告成！

第五章 整理情商篇：把整理思维迁移到学习和生活的其他方面

遇到的问题和困惑

① 写作文容易卡壳。一开始有想法，写着写着就没想法了。

② 作文读起来逻辑混乱，不顺畅。

常犯错误提示

很急，生怕作文灵感一下就飞走了。

写作文光靠灵感是不行的。

光靠灵感，支撑不了整篇作文啦。

没想好怎么写没关系，我可以边写边想。

边想边写，可能就不顺畅、没有逻辑了。

你不如学习打打腹稿！

写作文就是凑字数，凑够字数就好了。

逻辑不清晰，字数再多也不是好作文！

这种想法太敷衍了，一定写不出好作文。

寻求解决方法

1. 克服急性子，写作文不仅仅依靠灵感

> 没想好就写确实不妥。

小结：写作文时，小朋友们常常迷信灵感，害怕灵感转瞬即逝，所以急迫下笔。其实有时写不出来，是因为缺乏思考。作文需要思考，而思考是一个过程，不是一瞬间的事情。

2. 整理思绪，想想写什么

> 我想在这篇作文里表达什么？

小结：整理思绪的第一步，先想好写什么、表达什么。只有想好这些，才有可能言而有物，而不是靠空洞的词句凑字数。

3. 让思路变清晰

> 写什么想好了，那想一想怎样写！

小结：整理思绪的第二步，是把思路变清晰，想想"怎样写"，即先写什么，再写什么，接着写什么，最后怎么写。想好这些问题，作文就会更有逻辑。

要点归纳及复习

- 想一想自己究竟想表达什么。
- 想一想如何把自己想表达的东西写出来，并且写清楚。

37 事情很多，会整理任务可以事半功倍

为了提高成绩，小飞给自己安排了很多事情。可小飞对困难预估不足，时间安排上经常冲突，比如一边读英语，一边看语文。看上去小飞在学习上花了很多时间，但学习效果并不明显。妈妈建议他不要同时做两件事，否则效率更低，可小飞说："事情太多，我也没办法呀。"于是，妈妈建议小飞学会整理任务，合理安排时间。

大清早

大半夜

但他的"勤奋"并没有什么效果。

为什么会这样?

你同时做几件事,效率当然受影响。

可事情太多,我是迫不得已呀!

遇到的问题和困惑

1. 花了很多时间学习,感觉还是应付不来。
2. 感觉很用功,可是效率好像很低。

常犯错误提示

1

事情合在一起做吧,可以一心二用。

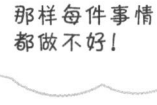

那样每件事情都做不好!

这样"追求效率",最后往往更没有效率。

2

巴不得把所有的时间都用来学习,效果可能更差。

把任务安排得很满,把放松的时间也省掉。

一点儿放松时间都没有?这计划不好。

寻求解决方法

1. 给任务排序，先解决最重要的事情

> 嗯，先集中精力解决最重要的事。

小结：不懂得给任务排序，就容易把事情混在一起，结果时间不够用，一件事情都没完成。懂得排序，就可以集中精力应对最重要的事情。

2. 适当降低任务难度，不要把目标定得太高

> 事情太多了，那我就调低一下目标试试？

小结：一个人的精力是有限的，如果想完成更多任务，就必须降低任务的难度，比如把"一次学会10个英语单词"变成"一次学会5个英语单词"；把考90分改为先考80分。

3. 事情不要安排得太满，留出空余时间放松

> 事情一件接一件，会把人逼疯的。

小结：学习任务太多，没有时间放松，反而会让自己产生抵触情绪，不利于完成任务。有时留出空余时间适当放松一下，更能让自己全身心投入，提高学习效率。

要点归纳及复习

- 要学会给事情排序。
- 不要把时间安排得很紧，把目标适当调低，留出空余时间。

38 如果感觉身体疲劳，就要整顿休息

敦宝最近好忙，除了正常上课，还要参加学校社团活动，周末也几乎排满了各种课外班。因为睡眠不足，他上课经常打瞌睡，学习成绩也下降了。爸爸看出敦宝精神状态不太好，就跟他说要多休息，不要让身体超负荷运转。但敦宝说："可事情太多了，没时间休息怎么办？"于是，爸爸建议敦宝减少社团活动和课外班时间，给自己留出更多的放松时间。

敦宝最近除了上课，还有很多事要忙。

足球训练

准备考试

兴趣班

智义补习

金牌补习班

第五章 整理情商篇：把整理思维迁移到学习和生活的其他方面 159

遇到的问题和困惑

1. 事情太多，感觉身体吃不消，老是打瞌睡。

2. 精神不大好，容易疲惫，不知道怎么办。

常犯错误提示

1

有做不完的事情呢，我不能休息。

懂得调整休息，才能把事情做得更好！

跟完成事情相比，身体健康最重要噢！

2

扛一扛吧，以后把休息补回来就好了。

休息是不能补的，必须规律！

休息靠补是补不回来的，规律的休息最重要。

寻求解决方法

1. 通过调整，回归规律的生活节奏

> 饮食、作息保持规律很重要！

小结：身体疲惫时，最有效的调整方法是保证充足睡眠和健康饮食，即让身体从超负荷中解脱出来，回到正常的生活状态。

2. 调整节奏和时间计划，减少事情和活动

> 事情太多，哪些是可以减少的呢？

小结：要应对的事情太多时，身体和精神都容易超负荷。应对疲劳的另一个有效方法是减少事情，适当降低忙碌强度。

3. 懂得适当的精神放松

> 好久没有玩耍了，好像不太正常。

小结：事情太多就会削减娱乐时间，让生活失去原有的平衡，这也是导致疲劳的主要原因之一。所以，要懂得适当的精神放松，让自己有充足的娱乐时间。

要点归纳及复习

- 再忙也要有充足的睡眠和规律的饮食。
- 减少事情，适当增加休闲娱乐的时间。

第五章　整理情商篇：把整理思维迁移到学习和生活的其他方面

和教育专家聊聊天

　　小朋友们在整理、整顿的活动中，要锻炼并形成整理、整顿的思维能力，学会将这种思维运用到学习和生活的其他方面。我们的学习和生活是丰富多彩的，但也会遇到各种各样令人烦心的事情，这时就需要及时整理、整顿了。

　　整理、整顿的思维能力可以被应用到学习和生活中的很多事情上。比如课堂上老师讲得太快了，仓促之间记下的笔记需要整理；新组建的足球队伍需要整顿纪律；心情不好的时候，要整理自己的情绪等。一旦我们学会用整理、整顿的思维模式去处理其他事情，并运用到学习和生活的方方面面，将会发现生活变得简洁明了、条理分明，更有质量、有品位；学习也会更有效率和效果。

　　整理、整顿思维是改变生活最便捷的方式之一，要将这种思维融会贯通在我们的日常生活和学习中。因此我们要认识到，整理不是行动的终点，不能一劳永逸。随着物品的使用和事件持续发生，我们的整理行为也要及时跟上。

欢迎你从《小学生自立生活漫画》进入小读客原创童书馆

读小读客原创童书,
让孩子拥有广阔的阅读兴趣、
优秀的文化审美和丰富的精神世界。

小学生心理学漫画系列

（第一辑）

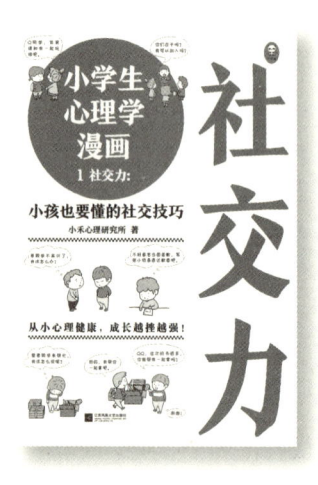

《小学生心理学漫画》
1 社交力

《小学生心理学漫画》
2 自信力

《小学生心理学漫画》
3 情绪自控力

《小学生心理学漫画》
4 自助力

《小学生心理学漫画》
5 积极力

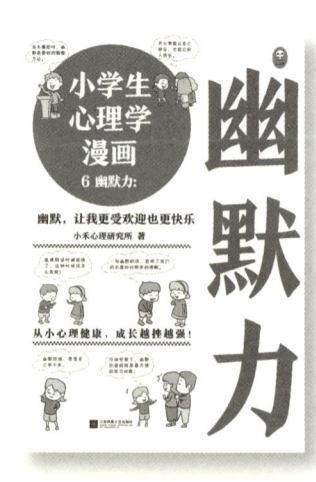

《小学生心理学漫画》
6 幽默力

小学生心理学漫画系列

（第二辑）

《小学生心理学漫画II》
1 行动力

《小学生心理学漫画II》
2 专注力

《小学生心理学漫画II》
3 学习力

《小学生心理学漫画II》
4 审美力

《小学生心理学漫画II》
5 公开演讲力

《小学生心理学漫画II》
6 性教育

小学生安全漫画系列

《小学生安全漫画》
1 居家安全

《小学生安全漫画》
2 校园安全

《小学生安全漫画》
3 出行安全

《小学生安全漫画》
4 网络安全

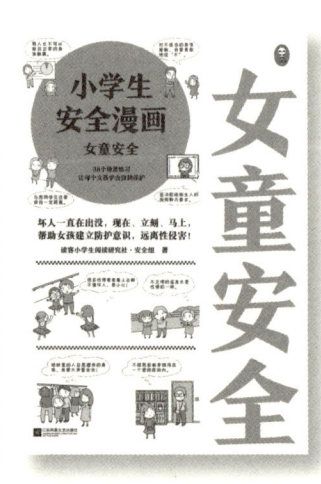

《小学生安全漫画》
女童安全

《小学生安全漫画》
男童安全

文学经典系列

世界大人物传记系列

《成为他们那样坚持的人》《成为他们那样努力的人》《成为他们那样勇敢的人》

《成为他们那样专注的人》　　《成为他们那样追求梦想的人》

文学经典系列

《漫画讲透孙子兵法》
卷一

《漫画讲透孙子兵法》
卷二

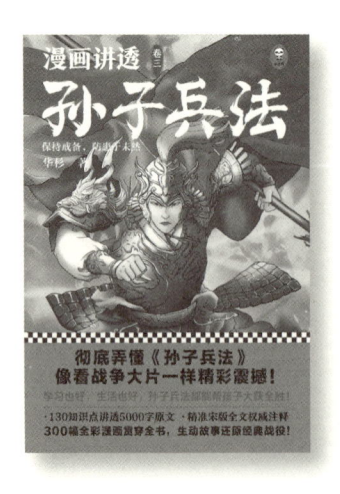

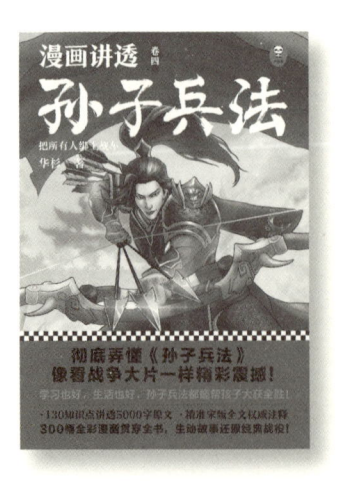

《漫画讲透孙子兵法》
卷三

《漫画讲透孙子兵法》
卷四